歡迎光臨
森林祕境

Gebrauchsanweisung für den Wald

彼得・渥雷本 Peter Wohlleben ｜ 著
鍾寶珍 ｜ 譯

目錄 CONTENTS

【專文推薦】

尋找屬於自己的祕境

張東君

之前在看彼得・渥雷本（Peter Wohlleben）的前兩本書時，我就已經很羨慕他的環境、他現在從事的工作，很想去他待過的森林看看那些環境、那些生物了，但是到了這本《歡迎來到森林祕境》（*Gebrauchsanweisung für den Wald*），雖然更加深我的羨慕與嫉妒，卻也慶幸這次多了許多讓我們能夠在台灣「見賢思齊」（我一點也沒有說是抄襲拷貝）辦活動的內容。

每個人造訪森林的理由都不一樣。彼得・渥雷本愛森林，所以他選擇離開理念跟作法都不同的公職，從事可以、而且還在持續追求理念的現職，並把他的經驗與心得和讀者分享。這讓我同時想到一本後來還拍成電影的虛構小說，主角是一個剛剛從高中畢業就被媽媽「丟」去學習林業的男生，他原本極為不情不願，但是在一年之後，卻再也離不開森林。森林就是有一種拉力，除非拉扯的橡皮筋或彈簧斷掉，否則，離得越遠，扯你回去的力量就越大。

森林的迷人之處，對我來說，是可以去看許多生物，讓自己成為牠們的朋友。但這也讓我排外、抗拒，反對許多以不當方式對待森林以及其中生物的人事物，不論那是政府還是私人。這也讓我的同學們覺得我不合群，不跟他們去爬山去森林。我不跟他們去的理由是：「人那麼多那麼吵，我想看的動物都跑掉了。」而且他們是週末假日想去，我說我平日的工作就都在爬山去森林（以及溪流池塘濕地等），週末我可是想發懶的。何況該寫該讀的也只能在不上山的時候做……。現在比較不上山不進森林的主要原因，並不是因為森林對我的吸引力減少、拉力斷掉。而是從前跑野外太久讓全身上下整組壞光光那類的職業傷害（不過膝蓋韌帶斷到差點得開刀，純粹是因為跑去滑雪）。

不管所學專長為何、有沒有當過童子軍、是否上過些許的野外求生課程，或是多多少少從書籍影視中看到許多可愛或可怕的森林故事，想要開開心心地走進森林祕境、平平安安地出來回家，你需要的，就是像這本書一樣的「森林使用手冊」。哦，還有一個不是電子錶的手錶。

有指針的手錶，只要時間沒有不準到哪裡去的話，一定可以告訴你方向，比傳說中「看看樹幹上有苔蘚生長的地方就是迎風面。因為在我們所處的緯度帶，下雨時最常吹的是西風，面西這一側的樹幹也就特別潮濕。由於苔蘚喜歡潮濕的環境，於是也就像羅盤指示方向那樣，總是朝西方生長……」。渥雷本接下來就跟我們說，假如在森林裡也依照苔蘚生長的位置來自我定向就保證迷路，因為在樹冠層這個保護傘之下的世界是平靜無風的，下雨時的雨滴大多是垂直掉落，讓苔蘚生長的位置會取決於完全不同的條件。對於住在台灣的我們來說，對於上述內容不但得看看台灣跟德國在緯度之間有多少差異，還要想到台灣根本就是個潮濕多雨的地方，苔蘚到處都是，只是物種不同而已啊。

再說回用手錶定方向。前提當然是要看得到太陽啦。「把時針對準太陽，十二點與時針方向夾角的二分之一就是北方」，至於細節，請查書或上網找。晚上，除非認得星星，否則還是等白天吧。不過渥雷本也說了，現在的森林都被道路切割得很零碎，基本上只要持續往下坡的方向走，一定可以回到公路上。而如果在下坡的路上遇見水體，最好順著水流的方向前行（何況這樣還保證會有水喝）。

雖然我也很喜歡溪頭、喜歡東眼山，但是對我來說，我最愛的森林、我的祕境是沙巴東部的熱帶雨林。那裡是個讓人上癮的地方，每年不去上一次，心就定不下來，會一直記掛著雨林，以及裡面的動物。可惜由於人類為了要搾棕櫚油而大量砍伐雨林改種油棕，讓許多生物不只流離失所，還瀕臨絕種。從長鼻猴到紅毛猩猩、馬來熊、犀鳥、各種其他大大小小的鳥獸蟲蛙，以及我的最愛婆羅洲矮象，通通都是以沙巴的雨林為家。可惜絕大部分的人即使關心動物，也只關心自己稱為毛小孩的貓狗寵物，最多延伸到流浪貓狗，完全忽略自己對野生動物的危害（省略以下碎念數千字）。

總而言之，雖然我們看的是彼得．渥雷本寫他的森林，但是每個人一定都有自己的心之所繫，不論那個祕境是否為森林、是否真實存在。邊看這本書，邊回想一下自己是否曾經有過一片森林、是否仍然有塊祕境可以去，然後帶著這本書再次造訪，一定會非常的有收穫。當然，得照著渥雷本書中所寫的方式與穿著喔。

本文作者為科普作家

【專文推薦】

森林祕境的守護者

黃貞祥

我中學念書的學校，在馬來西亞柔佛州的小鎮——峇株巴轄。華仁中學校園草場後有座小山，是片樹林。偶爾會有些樹林裡的猴子或蛇蠍跑到校園裡，可惜我從沒進去過樹林，因為那是被學校禁止的，很後悔原本就叛逆的學生時代難得聽了師長的話。

來台灣念書後，很多同學對馬來西亞充滿好奇，常常問我有關雨林的事。但很慚愧的，我一直到出國念大學都沒進去雨林過，對雨林的印象也都來自生態紀錄片，這也是我人生中最大的缺憾之一。

到了美國加州念書，愛上了健行。博士班老闆是戰鬥民族，他說俄國地廣人稀，全家到林中出遊採摘野菇是常見的親子活動。他在加州也常上山採菇，帶我們出遊健行時，教導如何先認好和可食用野菇共生的樹種，而不該單純以貌取菇，以免誤食毒菇。從山林中帶回的各種野菇，稍微火烤就散發出不同的誘人香味，冒死也要讓人吃上一口，森林帶給人們的驚喜真是不斷啊。

人對森林的情感其實頗為複雜。我們的祖先是來自非洲的稀樹草原。德國最著名的森林看守人彼得．渥雷本（Peter Wohlleben）在這本書中提到，我們的祖先其實不習慣森林的幽暗，我們更愛視野遼闊的草原，以致於德國林務單位也要在森林中弄出片林間隙地或廊道。

森林除了提供木材和野味，對現代人的意義是什麼呢？渥雷本在他的好書《樹的祕密生命》（*Das geheime Leben der Bäume*）和《動物的內心生活》（*Das Seelenleben der Tiere*）之後，寫了這本《歡迎光臨森林祕境》（*Gebrauchsanweisung für den Wald*）為大眾揭開森林的各種神祕面紗。這本森林指導手冊並非單純是本旅遊導覽書，他在書中道出森林保育的各種複雜面向。他自己挺身而出，努力把埃佛區胡默爾鎮旁的原始森林區轉化為永續經營的樹葬森林，他們樹葬事業的有趣顧客也在書中出了場。

渥雷本的這幾本好書，主要是由多篇優美的散文構成，他熱愛和關注森林的所有一切，從他這些散文中，可能很溫暖地感受到森林中無時無刻都有驚喜，遠離塵囂的生活不僅一點也不無聊，而且還更加多姿多彩。然而，森林裡的生活也並非總是抄了背包去探險那麼單純的浪漫，他心心念念也不忘凡塵俗事中和森林保育及狩獵的一切。

作為一本引介人們到森林探險的書，渥雷本並不忘要提醒我們在森林中要如何穿著以及該帶上什麼裝備，以防範雨水、濕氣、蚊蠓和扁蝨。不過當然這主要適用於溫帶的森林，到了亞熱帶和熱帶的森林，能讓人不開心的可不太一樣了。

森林裡有好多出乎我們想像的，例如野味。渥雷本讓我們見識到，原來在林中獵殺的野味可不美味，因為要一槍斃命可不容易，而且破裂的內臟及子彈也為肉質加了腥料，加上運輸的不易而導致的變質，難怪野味都要超重口味地料理。這讓人思索狩獵究竟是保護了什麼文化？

森林裡的動植物、真菌、原核小朋友和病毒構成的生態網路環環相扣，甚至和城市人的健康息息相關，別以為八竿子打不著的生物就無關緊要。大自然可能比我們想像還要穩健，生態系統經過人類的大肆破壞，多年後仍可能恢復，可是倒楣的卻是人類自己，因為在公共衛生和經濟上翻天覆地的暴力掃蕩，才沒那麼容易善罷甘休。

讀完這本書，肯定會想要接受渥雷本的邀請吧？讓我們好好重新發現森林，有機會也要好好沐浴在森林間清新的空氣，敞開五官感受森林的各種訊息，天啟或禪意會如樹間的陽光般灑落在我們的人生裡頭。

本文作者為國立清華大學生命科學系助理教授／泛科學專欄作者

一本「森林使用手冊」？

你只需要做一件事——起身走進森林裡！

當吹笛手出版社（Piper Verlag）問我想不想為森林寫一本「使用手冊」時，我立刻熱烈回應了這個提議。我喜愛森林，而森林也主宰了我大半的人生，雖然會以它為一生的職志，還真是一種誤打誤撞。

本來我想讀的是讀生物學，原因就像今天許多中學畢業生一樣，當時對於該如何把心中對大自然的滿腔熱愛化為志向，我並不是很明確。然後我的母親在報紙上發現了一則小廣告——那是萊茵邦（Rheinland-Pfalz）林務局所刊登的行政內部預備人員學程招生訊息。於是我提出申請，也順利錄取了，在教室講堂與現場實習的雙軌並進中，度過了四年的時光。

然而，接下來我在現實生活中所遭遇到的，跟我的夢想相差了不只十萬八千里。與摧毀起森林土壤毫不費力的笨重機器一起工作，只不過是冰山一角，以接觸性殺蟲劑投毒、把最老的樹鋸禿或整株砍掉（那些我如此鍾愛的老山毛櫸樹……），所有的這些，都愈來愈讓我覺得既陌生又詭異。在求學過程中我是這麼學習的——這麼做，全都是為了維護森林的健康；或許這有點令人匪夷所思，但至今確實還有數以千計的學生，如此相信教授的教導。這種疏離感使人心生排拒，而我不知道抱持這種態度的我，該如何在未來的幾十年中繼續工作下去。

幸好，就在一九九一年，我在埃佛區（Eifel）的胡默爾鎮（Hümmel）上，遇見了一位同樣傾心於生態經營路線的森林地主。我們共同打造了一種以融合林地保留與謹慎利用為目標的森林管理方式，最重要的是其中納入了居民密集參與的概念。為此我開設了一系列的活動，野外求生訓練及山屋建造是其中比較極端的課程，其它則大多由感受林木世界美好的導覽所組成。

「我之後還能在哪裡複習這些知識呢？」我經常被問到這樣的問題，對此我只能回以一個聳肩，因為相關的文獻我並不熟悉啊！最後是在妻子反覆催促之下，要我至少為那些參與者寫下一些東西後，我才終於在某次前往瑞典拉普蘭地區（Lappland）度假的期間，將一些較具代表性的導覽內容化為書面文字。我把這份稿件寄給了幾家出版社，然後對妻子說：「如果到了年底都還沒得到回音，就代表我根本不是寫東西的料。」

不過結果出乎意料，如你所見，我在這項從正職「擴展」出來的活動上，發掘出無盡的樂趣。現在我可以鼓舞遠比過去要多上好幾倍的人一同走進森林，因為我的理想還有很多都尚未落實。我指的當然不是木材經濟，它早就發展過度了，我想說的，是那些藏在樹與樹之間，等著被發掘的大大小小的探險。而你只需要做一件事——起身走進森林裡！

越野健走

誰說林道就該無聊呢？一路上可供我們探索的可一點都不少。

你一定聽過這種情況：有人帶孩子到森林裡活動，走著走著就愈來愈吵，不是玩起你追我跑、大聲驚呼著發現了某種小動物，就是單純享受起狂放吶喊的快樂。而大人通常會立即反射性地耳提面命——「噓——不要叫這麼大聲！」

不過這樣做真的有必要嗎？我們製造出的噪音，真的會驚擾到野鹿嗎？野生動物確實偏好安靜的環境，但並不是因為牠們對噪音敏感，而是因為若是風暴在樹稍咆哮而過，狂烈的驟雨嘩嘩落下，牠們會再也聽不到其它聲響——尤其是正在潛行逼近中的狼與山貓，這對野鹿無疑是致命的危險。因此牠們喜歡無風無雨的天氣，這樣一來，牠們才能聽到遠處腳步踩在枯枝上的窸窣作響。

所以人類發出的吵鬧聲，並不會讓動物緊張煩躁，因為這種聲音只會從某一個方向傳來，不會立即在整座森林裡迴響。而那些大型哺乳類動物也清楚，自己最大的敵人——也就是我們這些以獵人身分出現在森林裡的人類——並未開啟獵殺模式。即使狼與山貓又重新在某些區域出現蹤跡，替代牠們角色的那些穿著綠色粗呢獵衣的人類「同好」，在數量上可是牠們的千倍之多；也難怪最讓野生動物聞風喪膽的對象，就是我們這些長著兩隻腳的生物了。只是當我們在森林小徑裡，愉快地哼著歌漫步或有些喧鬧地談天說地，等於是向牠們傳送了一個「非狩獵中！」的訊息。

這招甚至適用於十分羞怯的斑貓身上。斑貓同屬被獵捕的對象之一，因為人們相信，牠會撕裂並吃掉西方狍（一種小型野鹿）。西方狍？斑貓與家貓雖然沒有親屬關係，但牠們的體型大小卻幾乎沒有差異。你能想像一隻家貓吃掉一隻臘腸狗嗎？以要做到這點來說，牠的牙齒其實太短小；況且牠的嘴再怎麼努力張，也沒辦法寬到足以咬定一隻這麼大的動物。然而這種謠言卻在狩獵圈裡流傳數百年，於是人們也就繼續無情追捕這種帶著虎斑紋的小型肉食性動物。所以斑貓會變得如此羞怯，說來可一點都不奇怪。

因此喧鬧著穿過森林的人類，如同其它也如此做的物種一樣，都不會被視為是一種危險。

某次在一月時由於有健行者想參觀「安息林」——也就是我們的樹葬森林，我便帶領了這群訪客，穿過轄區裡這片當時白雪皚皚的老山毛櫸林。等我們在森林裡逗留了一個小時，又魚貫地走回停車場之後，才發現我把背包落在一棵樹下忘了帶回來；同行的實習生自告奮勇地要回去幫我拿，而當他十五分鐘後終於又再度出現時，看起來卻異常興奮——他看見了一隻斑貓！正不疾不徐地橫越步道。顯然這個小東西就在附近不遠處伺機而動，等到我們這一大群興高采烈且喋喋不休的隊伍離開，再繼續活動。

類似的經驗，一年多後又再度發生。那是個炎熱的七月天，同樣是在「安息林」那個停車場上，我突然看到離我們大約五十公尺遠處，一隻斑貓正氣定神閒地走過車道入口，從某塊林地移動到另一塊林地裡，那時我還靠在我的越野車上與同事聊天呢。跟牠近在咫尺的馬路似乎攪擾不到牠，而這顯示了牠的羞怯，是更針對那些埋伏潛行在林下灌木叢中的人類而發。所以這裡結論必然是：在森林裡發出聲響，並不會造成絲毫攪擾，小孩的喧鬧聲當然更不會。是吧？還是我得更正——那吵到的可能不是野生動物，而更是大人自己。

越野健行的活動帶著一種「無邊界」的自由氣息，而人們一聽到它，好像也總會聯想到其它國家。我喜歡像美國西南部那種遼闊且渺無人煙的地景，並不是因為我生性害羞不喜人群；

不是的，讓我心醉神迷的，是那無止境的廣袤與悠遠。相對於在歐洲地區往遠處眺望時，視線總會因為高壓電塔、高速公路或聚落而受到阻攔，我們的眼睛，在新墨西哥、亞利桑那或猶他州這些地方，卻可以越過森林與山脈，純然倘佯在四面八方無邊無際的視野之中。

不過能夠這樣不受限制的，也只有眼睛。因為在大部分的情況中，公路兩側全是此路不通的「阻隔」現象，這裡所說的，某方面確實就是它字面上的意思。因為伴隨著我們周遊美國西南之旅的，是沿著公路左右兩側拉起的延伸長達數百公里的鐵絲網，而這扼殺了那種「無限自由」的感受。被圍起來的，常常只見砂地與岩石——好像真有人想偷走它們似的！私有地（在那裡為數眾多）不對外開放，這樣的告示牌不斷反覆出現。

回到德國後我才真正明白，這裡所提供給每位森林訪客的可能性，是何其難能可貴。我們不僅所有的道路都可供自由使用，甚至連整個區域都可隨意進出。也就是說，不管在什麼時候，你若想躲進灌木叢中——請自便！沒人能阻止你，除非你是置身在那少數的例外區域之中。自然保育區、國家公園及小規模的保護林通常都會有「禁止進入」的標示，這表示你不准離開指示的路線。不過這樣的區域，只占整體森林面積的極小部分，再加上總是標示得非常清楚，一般狀況下根本不可能搞錯。其它的例外，則還有新種樹苗的造林區，特別是當有圍籬保護時；所以即使你心癢難耐，想要跨過圍籬來縮短你的越野健走距離——我建議你，還是乖乖繞著籬笆的外圍走吧。

最後的一種禁地，則是持續伐木中的林區。凡是有電鋸嗤嗤作響或伐木重機轟轟運轉的地方，對人類來說就具有生命危險。高度可達四十公尺的樹木，在倒下時的情況難以預測，況且林下灌木叢還常會遮蔽視線，讓人看不到森林裡的散步者。也因此在通往伐木作業現場好幾百公尺外的林道上，不是立有警告標誌，就是會拉上紅白相間的警示條，以全面禁止通行。

然而絕大部分的森林，是不存在以上這些限制的。所以你確實大可放心地沉浸悠遊其中——不過這點只適用於行人，以腳踏車及馬匹代步的人，則必須保持在林道之上。至於其它交通工具，原則上在森林裡還是完全禁止的。

不過到底要如何恰到好處地來一趟越野健走呢？最適合的環境，莫過於茂密一點的闊葉林。這裡地面上大多沒有其它植被，樹幹上也沒有具干擾性的枝椏。針葉林在這方面就可謂是大相逕庭了，尤其是當植株被栽種得很密集時，那些相鄰的雲杉、松樹與花旗松長在較低處的枯枝，會像彼此交纏的手臂一樣讓人行不得也。為了要排除障礙穿越林間，同時不會被枝椏鞭打在臉上，或更糟的是戳進眼睛，在這種人工栽培林中，有時候我甚至會倒退著走，使勁後壓以穿過林間；而以這一點來說，闊葉林就相對地平和友善許多。此外，樹下的青草地，也應該要拐個彎、繞點路避開它，因為那上面的晨露或殘留的雨珠，轉眼就會讓鞋履濕透，即使是製造時添加了特別的防水層，在這種地方還是很難長久阻隔濕氣。

黑莓常常構成一種挑戰，不過問題當然不在於它的果實，因為通常你只會碰上它那不帶果實卻帶刺蔓生的植株。它們會以刺懸鈎住彼此，有些甚至會構成高度盈尺的障礙物。想要穿過一片這樣的灌木叢，意味你得要像一隻鸛鳥那樣走路——從它頂端的藤蔓一腳踩到底，然後以這隻腳支撐重量，另一腳再往前方藤蔓的頂部向下踩出第二步。我知道這看起來有點滑稽，不過基本上這時候也沒有人會盯著你看。重要的是，只要稍一急躁，或只因你不想這樣笨拙僵硬地走路，那些藤蔓就會以迅雷不及掩耳的速度，徹底纏上你。就像落入一個會自動收緊的套索般，要從這個非自願的擁抱中全身而退的機會極為渺茫；最常見的下場，是在跨出下一步時，失足跌進這堆荊棘中——哎喲，好痛！

失足跌跤的風險，也存在於要爬上陡坡時。然而這經常並不是因為沒有好好踏穩腳步，而是厄運就躲藏在落葉或積雪中——那些已經枯死且樹皮腐朽脫落的枝條，常常就這樣順著坡度由上往下地豎在坡面上。一旦你跨步踏上一根這樣的枯枝，腳就會像踩在滑行軌道上一樣，滑向一旁摔個正著。對我而言，這是種雖然早就清楚、但常常還是在劫難逃的狀況，每當我意識到踩到了什麼時，通常為時已晚——我會失去重心，揮舞著雙臂應聲摔向一旁的地面上。也因此若是有所疑慮，陰雨天最好避開陡坡。

不過想在坡面上行動，利用動物遷徙步道其實也是個不錯的選擇。我們會遭遇的問題，動物同樣也有，因此牠們通常只會走在已經被踩出來、因此比較平坦的小徑上。這些動物小徑雖然很窄，大多寬不過三十公分，卻不失為一種安全通道；它們在一些長坡面上，會以規律的距離平行出現，因此當你必須下坡或想要拐個彎時，只要往下走過一、兩條小徑，就一定能夠繼續跟隨著動物的足跡走。

抵達谷底時，橫越在面前的通常是一條小溪。如果你的鞋子到目前為止都還很乾爽，切記要繼續保持。大部分的越野健將，都會試著邁開步伐、一躍到對岸，看起來似乎輕而易舉，畢竟這些水道經常寬不到一米。這一躍普通人應該都做得到，事實也是如此；然而不能保證的，是之後能否落在一塊乾爽的地面上。因為正是像這種河岸平淺的小溪，地下水分完全飽和，周遭常會形成小型濕地沼澤。於是這一躍常常就結束在爛泥灘中，而這會讓濕氣與寒氣慢慢地從鞋面滲進鞋子裡。該如何避免這種狀況呢？

首先，應該找個河岸比較高起陡峭的點，那裡地底下會有比較多岩石；如果能踩在一個緊靠著樹幹的位置，保有乾淨的鞋子與乾爽的腳的機率也比較高，因為樹木的根系具有像腳墊一樣的功能。而最簡單的作法，是讓溪水不要超過鞋子的高度，且水底有石頭時——那就大膽地踩進水裡吧！隨著溪水的日夜流逝，這些石頭早就已經被沖刷得乾淨無泥，安安穩穩地嵌在溪床裡，就像行人徒步區裡鋪的地磚那樣穩——好吧！或許也未必完全，它們有時候也會有點濕滑。不過我在穿越林區的路上，確實還從未發生過像「受困陷入溪床」這樣的事，而踩進鬆軟坡面的爛泥中，倒是司空見慣。這其中唯一可能存在的小風險，是人們誤判了溪水的深度，不過即使如此，那也只會把你弄濕而不是弄髒。

天氣惡劣時，爛泥巴和沼澤地總是個問題。當然，我們的戶外鞋就是專為這種有點難度的行動而製造，可是除非必要，有誰又會樂意清洗沾滿汙泥的鞋子呢？更別提當你深陷在爛泥裡無法自拔，泥水就很有可能會流進鞋裡。也因此減輕鞋子踩地時的壓力這點很重要，對此只要讓腳步落地時的面積「變大」。例如當地面上有散落的枯枝，踩著它就可以把自己的體重壓力，分散到較大的接觸面積上——然而小心那些已經完全腐朽的木頭！否則「喀啦」一聲後，你可能會發現自己突然矮了一大截。

可是枯枝不會到處散落，分部較廣的相對是草叢。每一小叢草墊都像是從爛泥中冒出的小島，而且還出乎意料地穩固；如果踩在這一座座的小島上走，就可以全身而退地抵達彼方。不過這點僅適用於真正有溪水流經的區域，沼澤地則反之絕非如此。那裡的草類，多依附在海棉般的泥炭苔蘚上生長，你若膽敢進入這樣的區域，走得愈遠它就愈不穩固。

至於如果你壓根兒對越野健行就是興趣缺缺呢？畢竟選擇穿越矮林和灌木叢而行，也不見得都樣樣好，假設是兩人同行而且想一路盡興地聊天，那種從林道向兩側岔出的小徑就不值得推薦了。因為它們大多僅容一人通過，人們走著走著，很容易就變成了母鴨帶小鴨的隊形，而這會讓健行變得沉悶單調；特別是為了避免被劃過彈回的枝條打到，行進中的前後兩人間，最好也保持一點距離，而這會讓聊天這件事變得更加困難。

不過誰說林道就該無聊呢？一路上可供我們探索的可一點都不少，譬如那些笨重機器碾過的痕跡。沒錯，當你走進一座剛砍掉一些樹木的森林，卻發現那些美麗的林道全都淪為爛泥，這可叫人大為光火。只因為那些唯利是圖的林業經營者肆意地砍樹，於是所有的人便只有爛泥深及腳踝的路可走，這不是太過分了嗎？其實我很能理解雙方的苦水，我想林地主人也能。因為除了少數的例外，林道的興建，本來就是為了將砍下的樹幹用卡車運送到附近的鋸木場；而那些重型機具行駛在潮濕鬆軟的爛泥路上，本來就沒什麼問題，若要同時照顧到森林裡遊客的需求，未免太強人所難。況且早期伐木只在冬天進行，木材則只會在天氣乾燥或地面凍結時運送，然而今非昔比，氣候變遷下的冬季，多半只剩氣溫高於冰點且陰雨連緜的天氣。

於是在我的林區裡，便愈來愈常出現一種只有輸家的情境劇。當所有林道的路面在秋天不絕的霪雨下變得軟爛不堪時，我們常常會中止木頭的運送；而我們抱持的希望——或許之後至少有幾天的寒霜可讓地面結凍——真的很少實現。這期間採伐下來的木頭，品質會因為真菌的入侵而愈來愈低劣，所以買主擔心自己必須承擔嚴重的經濟損失，也是情有可原。這批貨物最晚到三月，也就是在它們「終於」朽壞到報銷之前必須完成運送——此時有些樹幹已經在森林裡堆置長達半年。而遭受重碾的林道之後會一片泥濘狼藉，修復又必須花上一大筆錢。

經常也有訪客向我提到這樣的經驗，他們在到某些森林遊憩時，被很不客氣地告誡制止過——通常是一些身穿綠衣且稍有年歲的男子，從越野車裡探出身來說些某種「禁止」的話。其實若是有所疑慮，大可直接先要求他出示工作證；不過一般而言，這幾乎多半與獵場管理有關，所以根本也不會有工作證這種東西，這些人是獵場的看守者，職務就是協助當地的租用者管理獵場。而他們那引人注目且貼在擋風玻璃後的「狩獵保護」綠色標章，乍看似乎是出自官方，但其實每個人都能夠在網路上買到，且都可以把它貼在車上，就像一些印著「農業」、「林業」或類似指稱的標章一樣。它們充其量只表明了此人有權把這輛自用車開進林道裡，真正能夠代表官方的，只有附上各邦或各市徽章圖案的「森林」或「林務機關」字樣標示。開著這種車子的人是林務員，他們會且必須出示相關證件，然而這些同仁行事大多很低調，根本不會去管控或干涉森林裡的健行者。

不過如果你遇到的是獵人，情況可就不同了。當他們坐在高高的獵台上靜候著獵物，傍晚的森林裡卻突然冒出個有狗同行的晚歸訪客來攪局（這狗說不定還沒繫繩正在四處亂跑），你說他們火不火大。這晚的行動可能因此變成了白忙一場，所以這些先生會氣急敗壞地爬下獵台，也是可以理解的事；不過如果為了洩憤，就以警察自居來指控別人「擾亂安寧」，當然是違法的。但有誰又願意與怒氣沖沖且身懷重型槍械的人發生口角？因此最好的策略就是記下他的車牌號碼然後撤退離開。而假若口語攻擊過分激烈，對方還把武器背上了肩（或甚至已經拿在手上），你還有一個選擇——就是檢舉他「脅迫」。

動物追蹤

從這個角度來研究他人的行蹤，不也很新鮮有趣嗎？

每當天降瑞雪，我心裡便會立即湧現雙重的喜悅。一來我喜歡真正的冬天，這樣我才能踩著厚重的靴子，穿過那美麗潔白的雪地；二來，我也才有機會揭露森林裡的諸多祕密，至少是那些與動物有關的，因為牠們會在雪地上留下清晰可見的足跡。

所以降雪可不只是降雪，尤其是第一場突如其來的冬雪，效果更是特別明顯。因為相較於已經度過一段霜凍期，動物此時尚未進入「寒冬模式」，還十分活躍地四處漫遊中。因此最好一大早就展開一段探索之旅，否則這些足跡不是為隨後的日照熱能所消融，就是被強風颳來的冰晶覆蓋，讓人難以辨認。所以帶上相機，把足跡全都拍下來，這樣之後就可以藉著圖鑑或相關網站上的資料，舒舒服服地在家裡把謎底一一揭曉。

在夏半年*時，步道上或步道兩旁質地較細的泥巴，則特別能透露出訊息；因為動物的足蹄，會在上面留下像印章蓋在軟蠟上的痕跡。你可以藉此約略判斷出，這隻動物大概多久之前剛從這裡經過。不過，上一場劇烈降雨的影響會更大，因為大雨會沖洗掉足跡，或讓它們失去清晰的形狀線條，只剩模糊的痕跡可供辨識。舉例來說，假如前天才下過雨，而你發現了一組清晰可見的狍鹿腳印，這代表著最久不過兩天前，有隻狍鹿經過了這裡。

特別讓人興奮激動的時刻，是發現了狼的蹤跡。我自己的初體驗，是印在瑞典某條步道上乾掉的泥巴裡。當時我與家人正在瑞典前往挪威的邊界——而且還是以獨木舟代步。獨木舟與野狼蹤跡？原來這條水路是由好幾個湖泊串聯而成，因此其中部分路段非得以所謂的「水陸聯運」來銜接不可；我們必須先把獨木舟上的東西卸下，把小舟抬離水面，並固定在一個帶著兩個輪子的架子上，在把所有的裝備再次放進去後，推著它一公里又一公里地，奮力走過山巒起伏間寂寞僻靜的林道。

這種路途十分折磨人，因此時不時需要暫停休息，而且每個人的視線無不疲累且下垂，此時卻附贈了一個驚喜：我們第一次真正發現了狼的足跡。在這個沒什麼人會來散步的荒僻角落，聚集著瑞典境內數量最多的狼；而我們深感這份贈禮之貴重，逐帶著新生的能量，繼續推著獨木舟向下一個湖泊前進。

我為何要提到散步的人呢？因為他們經常會帶著狗同行，而這會使尋找足跡這件事，變得有點棘手。狗與狼是近親，牠們留下的足跡因此也非常相似，究竟是隻大狗或是隻狼，我自己都沒信心能說得準。不過這其中當然有一些線索可供依據，而最重要就是訊息狀態——因為每天傍晚都有獵人在四處活動，所以只要一有狼出沒，都會立刻有人通報，且出現在隔天的媒體裡。

在那些尚未被確認有人親眼目睹狼出沒的鄉野地區，所有疑似狼的蹤跡，都比較該列入牠溫馴的親屬，也就是狗的身上；但在一個確定有狼活動的區域，疑似的足跡就值得仔細觀察。狼走路的方式與狗非常不同，牠們的足印會排成一條直線；除此之外，牠的後腳是踩在前腳的足印上前行。此外為了安全起見，你也該觀察一下足跡的左右兩側：如果這是狗所留下的足

——譯註——

* 氣象術語，夏半年指一年當中較為炎熱的時期，在北半球多半是指春分日至秋分日之間。

跡，在陰雨天的泥濘地面上，一定也能找到主人的腳印。

一旦發現了排泄物，狼和狗之間的差異，就會更清楚地顯現出來。寵物吃的多半是罐頭或袋裝飼料，因此牠們的排遺，是一團均質缺乏結構的棕色物體；而從狼的糞便中，相對地則較能看出那些動物進了牠的五臟廟——例如混雜在那其中的鈣質殘骸與動物毛髮——通常都是野豬的黑毛。若是無法判定，也可以把排遺裝進塑膠袋，送到離你最近且有辦法深入檢驗的野狼諮詢人員那裡。

山貓——我們這裡體型第二大的肉食性動物——的腳印，則清清楚楚毫無爭議；如此龐大的貓科動物足跡，絕對不可能錯認。不過萬一疑慮猶存，則可以借助腳印是否「對稱」這點來判斷：想像著把腳印從中分成兩半（分隔線劃過靠內側的兩根腳趾頭之間），狗與狼的腳印有如鏡像一般左右對稱，山貓的腳印因為一分為二，則會是個歪掉的圖案。此外，相較於狼及其它類似的動物常會在爛泥裡跟著留下爪印（或正確地說是指甲印），在這種大貓的足跡中，爪印則極為罕見。

而假若你自己就養了貓，當山貓出現在你家附近四處遊蕩時，這或許也有助辨識。來自法爾茲森林（Pfälzer Wald）的一位同仁就這樣跟我說過，他家的那隻「小老虎」若是突然沒有膽子出門，就代表附近方圓幾里內出現了牠的遠房大親戚。對貓咪而言，這是個再明確不過的訊號。

在尋找動物足跡的過程中，如果說發現山貓和狼的蹤影代表中了樂透，找到狐狸的腳印，則就像得了安慰獎。不過你還是可以從中學到狐狸與中小型犬在足印上的差別，因為狐狸走起路來，與牠同樣是野生且體型較大的兄弟，也就是狼，十分相似，也會留下一行緜長筆直的足跡。與狗相反地還有另一點，狐狸腳印中的足跟墊不會往前縮近腳趾墊，這讓牠的腳印看起來比較長。

能夠透露狐狸行蹤的，還有牠的巢穴。這雖然不會位在健行步道旁，但是當你在森林底層的灌木叢裡四處穿梭尋找野菇時，或許就可能撞見一個這樣的洞穴：它通常有好幾個出入口，而且就挖在一個斜坡上。至於這巢穴是否還在使用中，可從洞口的土堆上是否有新鮮刮痕或缺乏植被來判斷。

然而住在這裡的房客，也可能另有其人——例如一隻獾。在缺乏足跡的情況下，要區分這兩者頗有難度（有的話就會容易許多，獾的足印前端帶著明顯的爪痕，看起來與小熊的很像），獾比狐狸更熱中於挖掘，因此巢穴前相對也會堆出許多土，那麼上面會出現一道小凹槽，顯示主人進出時總愛走同樣的路線。在這條溝道裡，偶爾也可以看到一些要做為鋪墊的材料，之後這個窩會被鋪得既舒適又暖和。

不同於狐狸幾乎可以隨處排便，獾會為自己找個真正的廁所，也就是會把自己的糞便埋在那裡，而這會散發出一股味道。這還不夠，為了標示自己的地盤，牠還會留下氣味記號；因此對於「氣味明顯」這點，比較可能的推測是此處有獾出沒。更複雜一點的情況，是這些洞穴系統裡常常同時住著幾種不同的動物，例如獾、狐狸，以及貉，所以就算認不出裡頭的房客是何方神聖，它也終歸是個令人興奮的發現。因為這樣的巢穴，可能已經用了數百年，跟我們城裡那些桁木架老屋的歷史一樣悠久。

然而，腳印、排遺及巢穴，不過是動物留下的可能線索中的一部分。像野豬這類動物，則是會清清楚楚地讓你知道牠在哪裡打過滾。在一場令人神清氣爽的泥漿浴之後（爛泥上有時候還會印出躺過這裡的動物身形），野豬會在一棵所謂的「打磨樹」上盡情磨蹭，如此一來被磨掉的不僅是身上乾硬的泥痂，還有因此殘留掛在樹皮裂縫中的毛髮。而且在前往這棵樹的途中，這個全身濕透的傢伙，會在沿路經過的植被上濺上泥色水滴，就像童話故事《糖果屋》裡的情節一樣，這指出了牠們是沿著哪條路線走。

有些跡象，則會以一種更微妙的方式來指向動物。就像春天時老山毛櫸森林的地面上冒出的新嫩芽，這些帶著子葉的幼苗，看起來就像一隻隻正小心翼翼展翅欲飛的小蝴蝶；然而有時候我們所看到的，卻是一小撮幼苗集體拔地而出，這怎麼可能呢？山毛櫸樹的果實有其分量，即使在風中也總是不偏不倚地直落在母樹腳下；因此單純從統計上來看，它們理應在樹幹四周，以分布非常均勻的方式冒出芽來。好吧，有時候或許也會有兩三顆不小心滾到同一個地方，但如果高達十顆或甚至更多？

當然不是，這無關乎巧合，而是得「歸功」於松鼠，或其實通常是老鼠。為了在天寒地凍的時分，還能舒舒服服地享受富含油脂的種子，秋天時牠們就已經在這裡備好了自己冬季的糧倉。而這一撮幼苗因此代表了以下的小劇場：顯然有隻飢腸轆轆的狐狸途經此處，而勤奮的小老鼠則進了牠的五臟廟。這隻小囓齒動物的冬季糧倉，就這樣被遺留在地底下，然後在春天一起發了芽。當然，你也可以換個角度想：狐狸把樹木的胚胎從敵人手中釋放出來，並因此確保了它們的生機。

同樣對樹木特別有興趣的，還有啄木鳥。牠們會先在樹幹上築巢，而且朽木絕對入不了牠的眼——又有誰會想要一幢搖搖欲墜的公寓？當然沒有，牠們選中的，多半是完全健康的樹木；而且為了不讓這堅實的木頭把自己搞得頭痛不已，牠們鑿洞的工程會分階段進行。在有時候甚至長達好幾個月的空檔期間，真菌會侵入這個工地，透過分解的過程讓木頭變得腐朽脆弱。

不過啄木鳥其實還有著其它全然不同的需求，例如春天時牠們喜歡吸吮樹木內部往上移動的含糖樹液，為此牠們偏好在年輕橡樹的樹皮上，連續鑿出一排長約十公分的小洞，然後在這裡舔著汩汩流出的樹液。這對樹木的健康雖然幾乎不會有絲毫損害，卻會在樹皮上留下某種裝飾性的疤痕好幾十年。

比較不會為樹木帶來痛苦的，是當鳥兒要找昆蟲吃時。因為一棵樹之所以會被相中，其實也只在它已經一命嗚呼，或至少病入膏肓的情況下。當樹皮甲蟲在夏日裡蠢蠢欲動時，啄木鳥就會清清楚楚地告訴我們哪些樹「中鏢」了。只要有肥嫩多汁的幼蟲（甲蟲的後代）在活躍著的樹皮，牠就會不厭其煩地在那裡又戳又啄，直到幾乎把這些美妙的野味掃個精光。在啄木鳥的這場盛宴中，樹木的樹皮會大塊大塊地剝落，曝露出底下白得發亮的木質部，遠遠地向人傳送著甲蟲肆虐的災情。

不過那些橫臥地面，在晦暗朦朧的光線裡慢慢腐爛朽去的枯幹，對啄木鳥也具有吸引力。超過千種以上的昆蟲會在這裡產卵，而牠們體色蒼白的幼蟲，在幻化成蛹且以生命不過幾週長的成蟲之姿來探索這個世界前，經常會花上好幾年的時間，在這根枯幹上咀嚼著它脆弱易碎的木頭。這種「啄木鳥食物儲藏室」，尤其容易在冬天發現。此時四處奔忙的螞蟻已不見蹤影，會飛的昆蟲也已藏身在剝落的樹皮底下，啄木鳥在情況緊急時，會在枯死的木頭上動「嘴」刨出長長的淺色木屑，只要挖得夠深，牠就吃得到那些富含蛋白質的幼蟲，這是對自己辛苦勞動的回報。因此哪裡有最多這種幼蟲可捉，指標就是滿地遭破壞得很徹底的朽木纖維與碎屑。

接下來這類的動物蹤跡，或許更該稱為「殘骸」。曾經發生在我們林務工作站旁的一件小事，提醒了我這也該記入到這本森林使用手冊裡。有天午休，當我正坐在沙發上，並才張嘴要咬下乳酪麵包時，我的視線飄向窗外，被幾片雪花給吸引了，那雪花飄落的方式特別輕柔——簡直太輕柔了。仔細一看我才發現那原來是羽絨，我站起身來走到窗邊，這天降瑞「羽」的原因很快就真相大白了：一隻松鴉正拔著白頰山雀的毛，喜滋滋地準備大快朵頤一番。

像這樣的一齣小悲劇，經常在樹下上演著；而動物圈裡會獵取鳥類的好手，可是族繁不及備載。如果只是要從可能的哺乳類動物中列出一些名號，松鼠、鼬和狐狸都會是好例子。而鳥類本家之中，則有鴉科的鳥——像喜鵲、松鴉、烏鴉，此外還要加上像灰林鴞或鵰鴞等幾種貓頭鷹，以及雀鷹與蒼鷹這樣的猛禽。

羽毛堆是我們能夠辨識的一種典型的獵物殘餘，它經常就散置在樹樁上——動物在「處理肉品」時，似乎同樣也偏好在桌子上進行。雖然「誰」在這裡動過手無法說得準，不過是哺乳類動物或鳥類倒至少可以區別。因為後者沒有牙齒，所以舉例來說，相較於狐狸可以輕而易舉地把頑強的羽毛管直接咬斷，猛禽則會把它整根扯下來，因此羽毛管在被鳥喙緊緊咬過的地方，經常會出現凹痕或折痕。

不過有關足跡的追蹤，其實也可以用另一種全然不同的方式來理解。想像一下假若你所偵察的不是動物，而是人的行蹤，情況又會如何？畢竟這是我們走在森林裡時最常發現的蹤跡，而且偶爾扮演一回偵探也頗有意思。譬如說林道上的小水坑，就很適合用來觀察最後一次經過這裡的車輛子是在何時。只要裡面的水還是混濁的，就表示同一天內必定有車子開過，那甚至經常是在不到一個小時前。單一的輪胎痕代表著越野車，兩個成對的則是裝運木頭的卡車。又寬且胎紋又粗的輪胎痕，意味重型採收機路過了這裡，它不是在去伐木的路上，就是在把樹幹運到路旁的行動中。從這個角度來研究他人的行蹤，不也很新鮮有趣嗎？

動物觀察

或許哪天我們應該來提供專人導覽的甲蟲健行，來取代鳥類觀察活動。

我承認，老是只看樹，早晚會流於狹隘、片面；即使是最刺激的追蹤活動，有天也會變得有點平淡乏味。漫步在森林裡的真正樂趣，還是得透過動物觀察才能觸及。而這裡適用著一條不變的定律：體型愈大的動物，被看見的機會就愈少。原因有二，首先大型動物也需要大的生存空間，一隻山貓的活動範圍超過五十平方公里，相較之下五到十平方公里，對一隻斑貓則已綽綽有餘。狐狸需要的比一平方公里還小，而零點零二平方公里則已經可以滿足一隻狍鹿。你一定可以料想的到，肉食動物擁有的領域空間，一定比草食動物大。

以上法則也同樣適用於小型動物，不過在尺度上明顯小了許多。譬如蜘蛛，牠同樣也掠食其它動物，一座完整健康的森林裡可以擠進上百隻——在僅僅一平方公尺的空間裡！[1]也就是說，當你舒舒服服地躺在秋天輕軟蓬鬆的落葉層上，同時可還有一大堆旁觀者在場。至於這些蜘蛛想要捕獲的蒼蠅、等足目昆蟲、跳尾蟲或甲蟎，則以遠多於蜘蛛的驚人數量，在落葉下活蹦亂跳。所以如果你真想要觀察動物，就該蹲下身來，專心守在一平方公尺大的土地上。一趟這樣的微宇宙探險，帶隻可以過濾砂石的小篩子（玩具店裡就有）及放大鏡會很好用，再加上一張可以躺臥在上面的野餐墊，就能延長觀察的時間，並使這場探索變成一種享受。

然而，如果無法確認這些在你四周忙得不可開交的小東西到底是什麼，整件事很快就會變無聊了。但是牠們的種類是如此五花八門，所以你最好就只專注於某種類別的動物，然後帶上一本適合的圖鑑。回到蜘蛛綱動物的例子，僅僅是它下面的蜘蛛目（並非全會結網）動物，在德國就超過一千種以上；而要提供一些興奮刺激的觀察，這數量是綽綽有餘了，尤其是說不定你還會因此發現「新移民」——透過全球貿易，這類新移入的物種正日漸增多。我女兒就是如此這般地在她家陽台龜裂的地磚下，驚駭地撞見了好幾隻有毒的黑寡婦，而牠的故鄉，理應在更遙遠的南國。

大型動物的優點，是在移動時容易被看到，然而也正因為容易遭獵人鎖定，牠們通常極度害羞。不過一年中有兩個時段，狍鹿、紅鹿及其它同類會變得沒那麼羞怯。第一是繁殖季此時荷爾蒙會像煙幕一樣混淆牠的感官，雄性動物特別會因此變得輕率魯莽。在紅鹿的繁殖季這段時間，即使是狩獵活動盛行的地區，經常還是會吸引遊客前來；比較極端的例子，就像某個鄰近我家鄉胡默爾鎮的地方，那裡一年當中有兩個星期，我們都可以拿把折疊椅坐在路邊，好整以暇地觀察那些為愛瘋狂的公鹿，是如何像雷鳴般地低吼及怎樣熱切追逐著愛人。

另一段時間則是禁獵期。每當正月終了，獵槍消聲匿跡的訊息，就會很快地「流傳」在野生動物的圈子裡。離最後聽到的那記槍聲愈久，被追獵過的動物就會愈淡忘自己的恐懼，所以在五月即將來臨前的那段時間，也就是在許多地方的狩獵季再度展開之前，得到最佳觀察體驗的機會最大。此時紅鹿和狍鹿都一派悠閒地在草地上及森林邊吃草，只要離牠們不近於一百公尺，牠們對於森林裡的漫遊者就幾乎可以完全無視。

之前我已經介紹過斑貓，不過在動物觀察的這個範疇內，我得再次提到牠。因為要看到這種動物其實一點都不容易，而這與下列這三件事有關：一來，極度的羞怯讓斑貓隱遁至人口絕對稀少且幾乎不會有人經過的地區，而這同時也意味，幾乎不可能在一個旅遊業發達的區域迎面撞見牠。其次是牠們極為有限的數量，平均每萬平方公里的面積裡（其中包括許多無人定居的森林區域），只有不到幾千隻的斑貓。最後，斑貓在牠們所居住的地方，還必須與數以百萬計的家貓共享村落四周的生活空間，而那些家貓若披著一身虎斑紋毛皮，又跟牠們的野生版本長得如出一轍，根本令人難以分辨。基本上沒有人能一眼認定自己所看到的就是斑貓，不過還是有一些線索可供參考。

首先應該是毛皮。斑貓身上的虎斑紋並不明顯，且顏色是灰與赭色的混合；尾巴則因為毛髮較長，看起來較粗大蓬鬆，上面有著黑色環紋，末端呈黑色鈍狀。再者牠的鼻端是肉色，身體尺寸及重量都略高於一般家貓的平均值。不過因為年輕的斑貓斑紋會較明顯（體型當然也較小），與家貓根本天生就容易混淆。最終能夠帶來一點確定性的，只能靠基因鑑定，不過冬天時至少還有個額外的線索：如果你在離最近屋舍兩公里以外的地方看到一隻這樣的動物，牠是斑貓的可能性就大幅增加。寵物在天寒地凍時不喜歡出外遊蕩，因為這樣一來，牠得遠離家裡溫暖的爐火邊。斑貓則除了找個蛀空的樹幹綣縮在裡面避寒外，根本沒有其它選擇的餘地。

一個簡便但絕佳的觀察機會，是一間餵鳥的飼料小屋。對於在花園裡設置這樣的東西，我曾經激烈地反對過，畢竟供應飼料會干擾自然界的物種組成。冬季通常是適者生存原則的運作時期，那些此時留在我們身邊的物種，本來就必須要能夠應付食物的匱乏，在冰天雪地裡生存下去。我們若用那種富含脂肪的飼料球以及向日葵花籽來幫牠們度過難關，存活的個體會多出許多，然後在春天來臨時，以族群優勢大舉占領繁殖領域。牠們與從南方返鄉的候鳥在捕食昆蟲上彼此競爭，而情勢看起來當然對那些候鳥比較不利——沒有人對牠們伸出援手，當牠們好不容易從一趟精疲力竭的長途飛行中恢復過來，想要建立一個新的家庭時，許多地方已經嘰嘰喳喳地傳出「這裡有人！」的信號。

所以對此我是反對的，以前。因為後來我還是屈服在孩子的渴求與催促之下，違背自己心意地蓋了一間飼料小屋；而且這間立在廚房窗前的小屋，還從此變成了我們熱中觀察的焦點。其實對我來說也算值得了，因為這間瑞典式的紅色小屋才剛站穩沒多久，就已經像磁鐵般地吸來了一隻罕見的鳥：中斑啄木鳥（Mittelspecht）。牠是大斑啄木鳥小一號的親戚，只能存活在老山毛櫸森林裡；很幸運地，我的轄區裡還有這樣的森林，而且作為保留地它們得到嚴密的保護。中斑啄木鳥需要超過二百歲以上的老樹，原因再簡單不過：年輕的山毛櫸樹樹皮光滑無比，讓啄木鳥無法穩穩地抓緊，一直要到年歲很高時，它的樹皮上才會出現裂縫（或者說好聽點是「皺紋」），這讓啄木鳥的爪有地方可抓附。

縱然我們這塊地就直接緊臨著一個這樣的保留區，迄今我卻尚未在這裡目睹過這稀罕的鳥。也正因如此，我才更加欣喜於得到牠經常性的青睞。

回到餵養動物的主題：為什麼我們應該停止供應野鳥食物？又或者反過來問——如果餵養狍鹿和紅鹿，有造成牠們數量擴增的疑慮，為什麼餵鳥就應該沒關係？這是個遊說團體喜歡用來大作文章且真正令人兩難的課題。幾年前報紙上就曾經以聳動的報導，來嚇唬我們阿爾魏勒縣（Kreis Ahrweiler）的民眾——紅鹿可能會挨餓，甚至大量餓死。當時情況是如此緊急，有些野鹿甚至侵入畜欄，把牛的乾草吃個精光。

一位同事曾用手機傳了張照片給我，照片上可以看到一隻年輕的鹿，正在某人前院掠奪飼料小屋裡要給鳥兒的食物，在我的整個職業生涯裡，這種情況還真是前所未見。此時人們不需要介入嗎？我們難道不該送些乾草糧、植物塊根或是燕麥到森林裡，去幫幫這些相貌莊嚴、身形偉岸的動物嗎？

這種反應是可以理解的，然而矛盾的是，也正是它造成了上述的困境。如同之後我會在〈狩獵愉快！〉一章中詳加說明，獵人餵養野鹿的行為造成了一個後果：嚴苛的物競天擇機制，在冬天再也無法運作。當某種動物的族群，超出了生態系統所能負荷（換句話說就是「養得活」）的數量，超出的部分在天寒地凍的季節裡，通常就會被淘汰。活活餓死，聽起來雖然無比殘酷，卻完全是理所當然，如此一來植被與草食動物的數量才能維持平衡。

而同情心以及它所觸發的餵養行為只會帶來一個後果，許多動物或許存活了下來，但卻也推波助瀾使問題愈演愈烈。此外像絛蟲這樣的寄生蟲，也會因此繁衍擴散地更加劇烈，使野鹿及類似的動物更虛弱。正是基於這個原因，以農業產品來餵養野生動物，基本上在大部分地區是禁止的，然而相關單位在這方面的管控是如此鬆散，導致人們根本經常不把這些規定當一回事——結果是問題依舊。

雪上加霜的是，中海拔山區的冬天經常一積雪就好幾個星期不化，這會讓那些身體最虛弱的個體，很快就衰竭死去。在上述的那個冬天，獵人們特別提出了運送更多糧草到森林裡去的強烈訴求，不論是在政治人物或甚至在學童面前，他們用盡一切方法，想以行動迫使當局讓步。最後餵養禁令確實是放鬆了一點，雖然為時已晚——當這件事終於在疊床架屋的官僚叢林裡被審核通過時，那令人頭痛的厚重積雪也早就都融完了。這種餵養行為或許無助於觀察動物，餵食松鼠或像狼這種更大型哺乳類動物的後果，則更嚴重——尤其對後者來說，餵養甚至會致命：因為讓猛獸習慣於人類，就是誘發牠日後被依法射殺的風險。

不過也有一些不僅合法甚至還無比浪漫的可能性，能夠在動物觀察上助我們一臂之力——騎在馬背上。

獵人看到野生動物的機率較低，因為動物對這種長著兩隻腳的「猛獸」戒慎恐懼——這點我們在〈越野健走〉一章已經說明過。相較之下，普通健行者就不會被如此警戒地看待，不過機會更好的則要算騎馬的人，他們最容易目睹野鹿出沒。馬在此時，會因為同是食草動物而被列入「不具危險性」的類別，就像非洲塞倫加蒂（Serengeti）草原上那些吃草的動物一樣，牠們很少會去理會同類動物，總是從容自在地各做各的。所以現在如果有人坐在性情平和的馬的背上，顯然也會被認為是這動物的一部分。此外馬背上較高的位置，也讓觀察到野生動物的機率大幅提高。

然而馬又高又壯，老實說，以前對牠我也有著一定的恐懼。要是給馬蹄踢上一腳，只怕連最強壯的腿都不堪一擊。不過現在我與牠們相處得和樂融融，這是因為從好幾年前起，我們自己也養了馬。雖然我從未有過騎馬的念頭，妻子卻在這個新的千禧年展開時實現了她的夢想——與馬共同生活；而為了讓我們的第二匹馬也有事可做——買第二匹馬原本單純只是不想讓妻子要騎的馬太過孤單，我克服了膽怯，在年輕母馬布里姬的背上學會了騎馬。而且從此我得到了確認，即使視角並沒有提高多少，整座森林看起來也煥然一新。

而坐在車子裡觀察到動物的機率也會提高，這點從德國的交通狀況或許可見一斑：因為不把汽車視為是威脅，野鹿總喜歡在高速公路和鄉村道路旁綠油油的斜坡上，大嚼鮮嫩多汁的青草。不過也正因為如此，野生動物的交通事故也此起彼落。

坐在車裡你的位置會比馬背上低，但另一方面也完全不受天氣狀況干擾。這招之所以行得通，完全只因從車子裡向外射擊是違法的，野生動物因此也從來不會把帶著輪子滾動的鋼板機器與「危險」產生連結；它唯一的缺點是：開車穿越森林通常不被允許。不過，在傍晚沿著家附近的公路兜風時看到野生動物的機會，可能要比在森林裡的某個觀景點等上好幾個小時還來得多。

目前為止我們所提到的物種，都只是那些肉眼容易見到的動物。牠們的存在當然很吸引人，不僅是門外漢，連專家也都過於頻繁地在計算著牠們的物種多樣性；而所有那些隱蔽於我們天生視力極限中的微小生命，卻因此也幾乎無人關注乏人青睞。可惜這當中經常帶著某種價值高低的判斷，老鷹之於步行蟲（Laufkäfer），山貓對上跳尾蟲，誰能贏得較高的好感度，答案應該再清楚不過。儘管如此，那些活躍在地面上的小傢伙，還是值得我們拿起放大鏡好好地瞧一瞧。

在胡默爾鎮的老森林裡，最近就發現了一種身體多鱗片且喜歡住在枯木上的象鼻蟲

（Schuppiger Totholzrüssler），這名號聽起來雖然只比牠的拉丁文學名 *Trachodes hispidus* 稍微討喜一點，小傢伙的長相卻可愛至極，牠們有隻大象般的鼻管，背上斑紋飾有豎起的鱗片，則讓牠有如剪了個龐克頭，[2]因此在我心裡牠就叫「龐克甲蟲」。牠無法飛行，這種能力牠通常也不需要，身為原始森林的典型物種，牠生活在一個千年不變的古老生態系統中；受到驚擾時，牠會縮回所有的小腳然後裝死——反正牠也沒辦法飛走。藉由偏棕的體色，牠在地面落葉層裡或枯枝上，有著最完美的掩護，可惜這也讓牠成為了我們視線裡的漏網之魚——除非你受過訓練。

我認為像這樣的物種特別有意思，因為牠們的存在，宣告著我們腳下的這片闊葉林，可溯源至古老原始的時代。不同於歐洲地區大部分的森林在被我們的先人重新復育前，都曾在歷史洪流中被開墾耕作以及做為放牧地，這裡還找得到未受擾動的古老土壤，而那些小龐克們，在這裡完全是如魚得水。或許哪天我們應該來提供專人導覽的甲蟲健行，來取代鳥類觀察活動，因為這些害羞的小傢伙絕對值得。

如果你不見動物蹤跡，那植物也是觀察的好對象。而且它絕對不會只因為不能跑不能動，就沒什麼引人入勝的特點來供人挖掘。

找菇去

廣袤無邊的森林、數以千計的湖泊水岸，全都任君使用。

能夠自由出入家附近的森林，這可還不是我們所享有的權利的全部。我們不僅可以四處蹓躂，假若在森林裡發現了某些可以食用的東西已經成熟，是的，就放心大膽地下手吧。否則還有哪裡容許人這麼做呢？

試著想像一下，自家小花園的花床上種了一片草莓，而就在它們剛成熟時，突然有素昧平生的一家子侵門踏戶，把他們美麗的籐籃裝滿草莓後揚長而去。現在，草莓園空空如也，想要親手做些果醬的夢想也隨之破滅——這當然是嚴格禁止的，不過也只限於自家花園裡。如果你所擁有的是座森林，必須容忍的就不僅是那些隨處穿梭漫遊的人，還有各種果實的採集者。一個小小的限制是：允許採集的分量，不得超過一餐之所需。此外為了讓人也能把餐桌裝點得漂漂亮亮，再摘把鮮花也是可以的。

在這裡可能有人會說：反正那些黑莓、野草莓及野菇，也不是林地主人額外栽種的——這些植物只要找到了合適的環境，就可以自然而然地隨處生長。話雖如此，它們畢竟還是私有地上的產物，因此也就該屬於主人所有。只不過因為森林構成了我們地表景觀的一大部分，設限太多恐怕有損人民休閒遊憩的需求，所以在這裡財產的社會義務性發揮了作用。這一長串字眼之後隱藏了一個原則：個人利益不能以犧牲群體共同的福祉為代價。然而這個原則也有其限度，像在野菇的例子裡，大量採取就是逾越了界線。我就經常看到一些停在森林裡的小巴士，大多載了五到七個人，每個人提著一個塑膠桶，在周圍的林地裡四處走動。所謂的「四處走動」，其實是仔細搜遍了每一寸林地，掃光了——真的是半點不留——所有可食用的菇類。他們把一桶桶的野菇倒進大洗衣籃中，持續一整天。

這不僅對其它採菇的人很不公平，還根本就是禁止的。首先他們採集的分量已超過「一餐之所需」，其次這些採菇大隊進行的是一種商業行為；如果你知道那些俗稱石頭菇的美味牛肝菌（Steinpilz），在出售給餐廳時每公斤的價位可達五十歐元，就可以估算一下，這樣的一輛小巴每天可以「運」多少錢回家。我猜秋天時許多餐廳所供應的野菇大餐，食材其實就來自附近森林裡的那些非法採集。這種罪行微不足道嗎？我並不這麼認為，因為這些貪婪的生意人危害了適用於全體的自由原則。然而要懲罰這種罪行，卻困難重重，因為當一群惱羞成怒的採菇人完全拒絕以理智回應，身為森林管理員又豈能奈他何？能夠採取的行動或許只剩下以車號舉發，結果怎樣很難說，即使成功了，也不過是罰金幾十歐元。

順帶一提，真菌——也就是我們慣稱的蕈類或菇——是一種非常獨特的存在，因為在科學上無法適切地將它歸類，於是與植物及動物並列為生物圈三大分支。一如動物，真菌無法自己製造養分，也因此必須仰賴外在有機物質而生；就像昆蟲一樣，它們的細胞壁部分由甲殼素（Chitin）構成，然而它們卻缺乏中樞神經系統。對樹木而言許多真菌是重要的伙伴，透過團裹住樹木細微的根尖或甚至直接穿透生長，真菌可以協助樹木尋找水分和養分。藉由棉絮般的質地，它的菌絲可以把有效表面積擴大好幾倍，而這相對地也讓樹木能獲得更多重要養分。它們也以肉身，為自己的綠色伙伴擋住像重金屬這樣的有毒物質；對付具攻擊性的真菌時，則會築起有效的屏障。

不過這可還不是全部：透過地下根系，樹木能夠彼此溝通，對例如蟲害或即將來襲的乾旱發出預警。但礙於樹木的根無法遍及各個角落，而真菌的菌絲網絡，則接收了這個往下傳遞訊息的任務，科學家對此有另一個WWW（Wood–Wide–Web，即「森林資訊網」）的說法。對於自己所提供的這項服務，真菌則是讓樹木付出了慷慨的報酬：一棵樹所製造的全部養分——通常是以糖分的形式，最多高達三分之一必須饋贈給這些隱而不見的小幫手。三分之一，這幾乎是一棵樹製造木質部所需的能量（其餘則是為了供應枝椏、葉子及果實的生長）。

這份豐厚的報酬，真菌不僅用於維持生命，還用於構成自己的子實體。那些我們所能採集到的野菇，確實是可以與蘋果樹所結出的蘋果相提並論的。真正的真菌，是以細若游絲般的白色菌絲生長在土壤中，它四處蔓延並與許多植物連結成網絡。除此之外，它也能發展出無比驚人的規模，而其至今發現的最大代表者，是位在美國馬盧爾國家森林（Malheur National Forest）裡的一株深色的蜜環菌（Hallimasch）。這棵真菌讓自己在那裡擴張到大約九平方公里大，而且至少重達六百噸，因此可說是地表上已知的最大生物，據估計有好幾千歲那麼老。[3]然而它在獲取養分的同時，也會一併奪去樹木的寶貴生命，這種行為看起來似乎不怎麼為樹著想。

你是否也曾經這樣問過，為什麼絕大多數的真菌就愛在秋天結出子實體？答案其實在樹木身上。大部分可食用的森林真菌的子實體，是間接借助樹木的糖分生長而成，而這意味樹木必須能夠供應分量與此相當的糖分。春夏期間，樹木為了全力應付樹葉、枝芽及果實的生長，大部分的糖必須留以自用；然而到晚夏時，樹木多半已為冬天及隔年春天蓄積了足夠的能量，因此也有愈來愈多的養分，可以分享給自己在土壤圈裡的伙伴，讓它們可以盡情繁殖。於是它們製造出了美味的「野菇」，讓我們或前述的職業採菇大隊隨後來光顧。

森林裡其它果實受喜愛的程度，還不足以引來像野菇這般的金錢導向的熱情。除了榛果或帶點苦澀味的野蘋果之外，黑莓、覆盆子、藍莓，以及黑刺李，頂多能拿來做些美味果凍。不過現在出現了一個截然不同的問題：這算是跟動物爭食嗎？野豬、狍鹿、鳥類、蝸牛和昆蟲都非常仰賴這些果實，而且一旦熱量攝取不夠，就很難從其它方面來補足。其實在野菇的例子裡，我們已經有了答案：被採菇部隊洗劫後的一片空蕩，確實不利於大自然。但如果相對地只取走能夠滿足自己家人一餐的分量，並且不去動那些明顯已被蟲蛀過或吃過的個體，留下的就應該還足夠我們的動物朋友來食用，反正人類能發現的，也只是其中的一小部分。

不過如果對象是野莓，情況就又有些不同了，因為它們大多原本就不生長在森林中。不管是黑莓、藍莓或是黑刺李，都需要生長在光線遠比原始森林底下更明亮的地方，要等到透過疏林或皆伐，使地面獲得足夠的陽光之後，它們才能在這裡蓬勃生長。所以雖然並非他們所願，林務員與森林工人卻在林間空地上創造出一種文化景觀——無人播種但卻長滿了漿果。對動物而言，這種豐富的食物供給並不自然，就這點來說，如果人類也動手「收成」一些，甚至可說是再恰當不過。

其實森林在過去的問題更多，因為人們還曾經採集過一些完全不同的東西。特別是第二次世界大戰結束後的那段時期，脂肪與油極度匱乏，連森林裡的山毛櫸樹果實都變得很搶手。然而它們的數量本來在大多數的年分裡都已算稀少，野生動物更亟需這些富含熱量的種子來度過接下來的冬天。於是在情況迫切時，便有村民會不擇手段地用起粗暴的方法——等不及這些堅果成熟落地，就以粗大的榔頭來捶擊樹幹，就算知道這會重創樹木也在所不惜。

至於蒐集柴薪，尤其是那些別無他用的枯枝，同樣一直到二戰後都極為盛行，且對森林的損害甚鉅。因為正是這些枝椏，在比例上含有特別多的樹皮及其中的營養物質，所以這會使森林的養分徹底流失，而那些土壤裡最迷你微小的動物，簡單說就是鬧饑荒了。再加上以森林落葉取代乾草來做為畜欄鋪墊材料，這些採集活動對森林土壤貧瘠化的影響之劇，使它後來、原則上直到今日都還是被明文禁止。之所以說「原則上」，是因為它才剛以工業的形式，走後門再度運作了起來。

「森林餘木」就是這些人所使用的神奇字眼，而這意指「所有無法以樹幹形態來利用」的木材。樹冠的部分、所有的大小枝條，在樹木砍伐後都會被機器集中捆起，然後置放在林道旁任其變乾；幾個月之後，碎木機會來把成堆的樹枝絞碾成木屑，並順帶將其吹進卡車的車斗裡；接下來卡車會開到附近的生質能發電廠，把這些木屑轉換成綠色能源。其實這對森林來說自然沒什麼差別，不管是過去由老媽媽們日復一日地把一捆捆樹枝運回家當煮飯的柴火，或是今天讓負責打包的捆木機（就是那部馬力超強的怪獸機器）全自動化地搞定一切——前者的森林所受的苦，恐怕還少一點。

森林裡還有某些特殊的物種，會在耶誕節前夕現身；而牠們青睞有加的，就是我們拿來布置耶誕樹下馬槽的綠色苔蘚。如果只是為了把家裡裝點得更有氣氛，而從森林裡取走一些苔蘚，這當然沒什麼好反對的，即使還順便夾帶了幾隻稀奇古怪的動物——有可能就是像水熊蟲（Bärtierchen）這樣的小傢伙。

水熊蟲雖然還不到一毫米大，卻屬於最令人拍案叫絕的生物之一。當牠脫水變乾時（例如就在你的馬槽模型前），會把所有的小腳縮進身體，然後蜷曲著身體展現出金剛不壞之身。不管是極端的嚴寒或酷熱，那小小的身軀都能承受，不會有絲毫損傷。一旦舒適氣溫再現，有一小滴水得以滋潤生命，牠便會再次伸展出小腳，然後以行動似乎從未被打斷過的樣子，繼續四處活動。[4] 即使在太空中短暫停留，水熊蟲也不會有什麼大礙；因此如果我們在耶誕過後能把苔蘚放回戶外，所有「當事者」都會表示滿意的。

讓我不怎麼滿意的，是在撞見那些職業採集者的時候。他們將苔蘚整塊整塊地塞進那種裝洋蔥的網袋裡，在把小廂型車裝爆後，運到耶誕市集上去大賺森林財。在我的林區裡，我一向不能容許這種掠奪式的濫採，同樣禁止的，還有拿來裝盆銷售的商業性植物採集。這樣的行為，危害了人人都可自由進出森林，為家用而採集果實、野菇與花朵的權利。而不僅在德國，在奧地利、瑞士，以及此時此刻的北歐，都不時傳出想要廢除這種權利的聲音。也因為如此，我不會把那些人肆無忌憚的採集行為只看成個人的小瑕疵。

北歐之所以特別值得一提，是因為他們奉行著所謂的「漫遊自由權」（Jedermannsrecht）。在那裡，除了前述那些可以在德國做的事之外，甚至還能隨心所欲地隨處搭上一晚的營帳——除了房屋四周可明顯辨別為私人產業的領域之外。否則廣袤無邊的森林、數以千計的湖泊水岸，全都任君使用。此外篝火也同樣可行，除非嚴重的乾旱來襲。

這條法令是多麼的慷慨大方，我們之前在一趟穿越號稱「歐洲最後一塊荒野」的瑞典薩勒克國家公園（Sareks-Nationalpark）的健行之旅中，就親身體會到好幾次。相較於在德國，遊人必須保持在國家公園的道路上，在拉普蘭地區我們可以橫越整座山脈，並在任何想要的地方過夜。不過這種純粹自由的感受，只有當外來遊客與當地居民都能尊重所被賦與的信任時，才有機會繼續讓人體驗到。

蟲蟲危機

其實酷寒的冬天根本奈何不了昆蟲。

冬天的好處可不少。此時的森林會有一種獨特的寧靜，林道上幾乎一個健行遊客也沒有，採菇的人早就把藤籃束之高閣，從一月底開始更連獵人都不見了。但最重要的是：蚊子及蠓（體型很小、類似飛蠅的蚊子）也都消聲匿跡了。

其實牠們當然還在，只不過不再活蹦亂跳；牠們會昏昏欲睡，靜候春暖花開時。即使之後天氣變暖，這種狀態也會一直持續到五月，直到這些小吸血鬼們繁殖出驚人的數量。只要幾個又濕又熱的星期，牠們就能以爆炸性的方式加速發展——一顆卵能在十四天內，化成一隻具有飛行及叮咬能力的昆蟲，而且只要有幾個小小的池塘或水坑，那些幼蟲的家就有了著落。蚊蠓都喜歡潮濕的空氣，所以每當夏日清晨的太陽，逐漸爬昇到掛著露水的草地上時，這些小瘟神就會覺得既快活又舒暢。乾燥的空氣與熱烘烘的夏日高溫，牠們一點都不喜歡，不過有個地方能讓牠們避開這些——那就是森林。

這裡空氣濕度明顯較高，這裡永遠都有樹蔭可遮陽。所以假若你在某個雨水豐沛的年度去健行，找地方休息時最好要避開森林深處，而要選在林間空地的邊緣。在林邊的第一排樹下，不僅有接近空地空氣較乾燥的效應，還同時可以享受到樹蔭。更理想的是一個有風的地方，如同瘟疫，那些迷你飛行員也痛恨快速流動的空氣，這會使牠無法準確地朝獵物前進，每次起降總會被吹得東倒西歪。

而一天中的哪個時段，同樣也非常重要：清晨與黃昏時陽光較弱，空氣濕度也就因此相對較高；中午前後那段時間的條件，對蚊蚋這類生物來說反而最糟——但森林是個例外，它在傾盆大雨後對蚊蚋會特別具有吸引力。此外，你絕對不該做的一件事，就是在出門去健走前洗頭髮，蚊蠓對於清新的洗髮精香味異常瘋狂，為此牠們會直撲你的頭皮而來。但如果你也不想頂著油膩膩的頭髮出門，幫得上忙只有戴頂帽子了（不過這也直接毀掉了你的髮型）。

必須留意的還有又稱為馬蠅的虻科。不幸的是牠們的習性恰好完全相反：虻最愛在正午毫無遮蔽的陽光下飛行。也就是說，當你為了避開蚊子而從昏暗的森林裡逃到空地上時，牠可能已經在那裡恭候著你。

我在一次與哥哥結伴健行的路上，就曾經有過這樣的遭遇；那是在北萊茵邦的埃佛國家公園（Nationalpark Eifel）裡，天氣很美，超級適合健行，小溪旁的步道，寧靜悠閒地在我們眼前蜿蜒著，四周則是芳草如茵的綠野。然而我哥哥卻在一段長達好幾公里的路上遭到虻的襲擊，那攻擊是如此慘烈，竟然讓我們不得不中斷整個行程。而且虻真的非常惡劣——好吧，對於自己與生俱來的天性，牠們也莫可奈何，但是那揮之不去的頑強進擊，無聲無息的降落，以及隨後令人痛苦不堪的叮咬，一個人大概必須極度熱愛動物，才有辦法不去責難這一切。如果在瘟疫和霍亂——呃，也就是在蚊子和虻——之間你還有選擇的餘地，你最好就選擇蚊子然後待在森林的深處吧！虻厭惡陰影，一旦遇上牠們會立刻掉頭飛走。

萬一你不能自由選擇健行路線（例如這可能是個團隊活動，而主辦人並沒有顧慮到這些細節），你還是可以另尋對策。防蚊蟲咬的衣褲就會是個選擇，戶外活動服裝的製造商，開發了以特殊紡織衣料製成的襯衫、罩衫與褲子，並保證穿上它就不會被蟲咬。我在拉普蘭的旅行中就曾多次試驗過：不管是褲子或襯衫，確實都有它所標榜的防蟲功能。然而就在穿越瑞典境內高山的某個漫長的健行日結束時，我還是被一種超大的蠓（在德國它們通常是小到以毫米計算）咬出了大約四十個包。不過我的防護漏洞並不在褲子的衣料上，而是以下這種狀況：坐下來的姿勢讓褲管自然拉高，我的腳踝於是露出了一截襪子，讓那些蟲子立刻意識到有機可趁，於是刺穿了黑色毛織襪來咬我。

另一種防護方式則是透過化學產品，不僅可以噴在曝露出來的皮膚上，不放心時甚至也可以噴在頭髮或是不能防蟲的衣服上。但是小心：有些藥劑成分會溶解塑料，因此由這類合成纖維製成的紡織品，就有被溶出洞的可能性。不僅如此，許多藥劑裡含有的避蚊胺（Diethyltoluamid）這種成分，不僅讓蚊子受不了，也會讓你「神經」緊張。這裡所說的，真的就是字面上的意思——因為這種物質很容易滲入皮膚並擴散至血液，因此也會進入我們的神經裡。有如針刺與痲痺的感覺，都只不過是小症狀，它被懷疑可能會對腦部造成危害。

比較無害的，是以純植物性成分製成的藥劑，例如像雪松精油。你會習慣它那刺鼻的味道，不過這原則同樣也適用於蚊子，它的驅蟲效果有限，且不到幾個小時就會減弱，因此你必須定時反覆地塗抹。

所以現在到底該怎麼辦？我們是這麼做的，基本上會穿上防蟲衣物，至於被商品檢驗基金會（Stiftung Warentest）測試為人體可耐受的防蚊蟲良藥，則只塗抹在幾個防護弱點上（穿襪子的地方、手、臉與脖子）。假如問題只是蚊子，而不用顧慮虻和扁虱，我們自己在向前行進時所製造出來的「風」，其實就已經足夠；需要留意並採取相應防護措施的，就只是較長的休憩時間裡可能受到的攻擊。

如果想在森林裡紮營，對其它昆蟲最好也要有所防備：譬如像紅林蟻。牠們被視為是自然保護的象徵，原本幾乎不存在於德國這個緯度帶；然而透過雲杉與松樹，在我們把天然林改造成人工林的過程中大獲全勝，這種驍勇善戰的動物，在這裡大範圍地落腳下來。牠們被視為森林警察，是腐屍與害蟲的終結者。的確，所有那些再也無法快速逃開的，都會被紅林蟻鋒利無比的上顎肢解，然後被協力拖回牠們碩大的蟻丘。

蟻丘深處住著蟻后，她的日常除了孜孜不倦地產卵之外，就是等著讓人餵養。我林區裡最大的蟻丘——雖然此時已被遺棄——直徑可達五公尺，不過牠們的巢穴其實甚至更大，因為它擴張至地下的規模，幾乎就跟地面上的一般大。

紅林蟻擁有一種精細巧妙的氣候調節系統，例如當蟻丘內部太冷時，牠們會在外面先讓太陽把自己曬熱，然後再把這股熱氣帶進巢穴。冬天時，紅林蟻會待在巢穴深處，能夠攪擾到牠的，頂多是來蟻丘找幼蟲吃的啄木鳥和野豬——溫暖的蟻丘，會吸引某些昆蟲的幼蟲前來取暖。因為這些攪擾而產生的破洞，林蟻會在春天時搬回新的針葉來予以修補，針葉在這裡是個關鍵詞：林蟻需要它來修築蟻丘，所以在闊葉森林裡，牠們根本無法生存——還是有人見識過用闊葉築成的蟻丘？

所以在我們過去主要由山毛櫸樹所構成的原始森林裡，並不會有這種行群體生活的昆蟲存在；然而這種隨人類墾殖活動而來的生物，卻被認為具有保護價值。這裡讓我們再回到「森林警察」這個關鍵詞，林務工作者特別重視的，是牠清除樹皮甲蟲的能力。沒錯，在這種蟲害嚴重肆虐的年度，當整座雲杉林幾乎已葬送在侵略者手中，有時候卻還能見到幾座綠色的小島；只要接近它們，就會意識到每座倖存孤島的中央都有一座蟻丘，對它的居民而言，周遭的甲蟲是牠們最熱中的美食。不過牠們愛吃的，可不只是列為害蟲的物種，簡單說牠就是什麼都吃，包括像翠灰蝶（Eichenzipfelfalter）這種受嚴格保護的蝴蝶幼蟲。「益蟲」及「害蟲」這兩個詞彙，大自然當然不會知道。

螞蟻是藉由一條條綿長的「道路」由巢穴向四周移動，為了要快速前進，牠們會清除掉這些迷你路徑上的障礙物，因此這種「基礎設施」是可以辨識的——至少在緊鄰著蟻丘的周圍。而且蟻丘的規模愈大，這些勤奮的小傢伙往四周蜂擁進出的活動範圍就會愈廣，我們在紮營時，因此也該相對地與它保持更大的距離。

紅林蟻雖不危險，卻會讓人非常不好過。與其它的蟻種相反，牠們並沒有螯針，而是以叮咬的方式來自我防衛；而且為了要使效果「更佳」，牠們還會在敵人傷口四周注入蟻酸。一隻像這樣的小惡棍，爬過你的鞋面、鑽進你的褲管並做好準備，然後（就在你開車時）使勁地在皮膚較嫩的部位咬上一口……這種事在我身上可不只發生過一次。所以如果你不放心，就把襪子套在褲管外吧；而如果你就站在一座蟻丘附近，原地踏步也很有效，也就是說只要雙腳保持著活動，那些小東西通常就會掉下來。

然而靠近牠們，還是令人興奮的：看蟻群是如何在牠們巢穴的眾多洞口附近互相推擠，如何彼此圍成一團，在午前溫暖的陽光中把自己曬暖，還有會把什麼東西以及如何把這些東西搬回家——我就喜歡觀察這些螞蟻小兵。對那些從未聞過蟻酸的人來說，蟻酸味道之辛辣嗆鼻絕對令人驚駭。你可以試著把手短暫且輕巧地擱在一個螞蟻特別多的位置，現在牠們會縮起身體的後半部，往前拱過小腳之間，並在你的皮膚上噴灑蟻酸，兩三秒後你就可以抖掉所有攀上來的螞蟻，然後把手緊靠著鼻子聞聞看。那味道之辛辣，簡直讓人光是聞都覺得痛。

螞蟻是避得開的，蚊子與虻等則只能視情況而定。所以當嚴冬來臨，而這整幫小吸血鬼們都不見了蹤影，是件多美好的事！這樣的話至少我常常聽到——即使我自己並不想幫這些令人不怎麼舒服的動物冠上醜陋的頭銜，而牠們確實也並不醜惡。其實酷寒的冬天根本奈何不了昆蟲，全世界蚊子最多的地方就是在北極，而要比它更冷，起碼在德國幾乎是不可能。在觀看一些有關這遙遠北方的專題報導時，只要稍微注意一下畫面焦點以外的事物，你就會發現有多少蚊蚋正在繞著攝影師嗡嗡嗡地飛，且不時反覆掠過畫面。

真正困擾牠們的，就是同樣也讓我們難以忍受的天氣狀況：氣溫很少低於冰點，但卻霪雨不斷，直到一切都完全濕透的冬天。這才是讓人與動物生病的原因，相較於我們可能只不過是得了傷風感冒，那些正在蟄伏中的小昆蟲，卻會被真菌與細菌侵擾，其中許多更會因此一命嗚呼。體型較大的動物其實也沒有好到哪裡去，一個多雨的春天，則更會讓情況加倍惡化——牠們在這種情況下出生的後代，會更需要保暖也更容易失溫。

回到我們的主角，在前面列舉的那些小瘟神中，你是不是覺得怎麼漏掉了扁蝨？沒錯，那是因為牠所扮演的角色日益危險凶狠，我得為牠另闢專章介紹才行。

扁蝨警報

動物心懷恐懼，而疾病擴散在人群裡——我們的大自然，到底是怎麼了？

森林是個安全的自然空間，至少在中歐地區是如此。大型的猛獸早已大規模滅絕（至於狼我稍後會再提及），而那些會在半路打劫出外人的綠林大盜，也早已消聲匿跡。在有毒的小動物這項「配備」上，我們的森林又同樣天生就很貧乏，因此這裡幾乎寧靜平和得像我們自家的前院一樣。人類為了對抗經常性危險而發展出的本能，也不再有多少用武之地。所以這值得驚訝嗎？如果它必須另尋管道來發揮與宣洩。不過因為大型的危險動物嚴重「缺貨」，我們只好把自己的恐懼感，傾注在小動物身上。

於是一提到走進大自然，至少在夏天時，許多人很快就會想到的問題便通常是：那裡有很多扁蝨嗎？這種小動物已儼然成為一種真正令人喪膽的凶神惡煞，一種四處潛伏、等著要陰險偷襲我們的小妖怪。就讓我開門見山地說吧，我恐怕還是無法讓你安心；因為這種蛛形綱動物的確很危險，雖然牠自己也莫可奈何。

我對這種寄生蟲的初體驗，是在剛到萊茵邦林務機關任職的菜鳥時期。那時我被分配到一個培訓林區，必須在那裡完成第一年的工作實習；於是我被指派了各式各樣的工作，而這特別意味一件事：我得經常在外四處活動。上工的第一天，我身上穿著自己最愛的顏色——藍色的牛仔褲，藍色的外套，這讓我自覺對實習生活做好了周全的準備。不過我隨即得到的，卻是同事的側目以對：一個身穿藍衣的未來的林務員？據說這還沒有人見識過。我尷尬之餘，只能在那個週末飛車到一家專賣狩獵裝備的店，買了一件布料紮實的束口及膝褲，一件帶著仿鹿角鈕釦的襯衫以及一件軍用夾克——清一色是橄欖綠。終於同事不再對我側目，不過我還是穿錯衣服了——後來我很快就知道了。

為了讓我搭配新褲子，母親幫我織了一雙在炎炎夏日裡會讓人刺癢到不行的及膝長襪。不過這並不重要，重點是此刻我覺得自己非常的「森林系」，帶著愉悅的心情，我穿梭在林間空地的灌木叢中。而這種好心情，只維持到我回到家，直到我脫掉衣服想沖個澡，然後發現附著在雙腿上的小黑點——扁蝨！我立刻開始動手把牠們拉出來，同時數著到底有多少隻「卡」在我的皮膚上，在數到第五十隻時，我精疲力竭地放棄了，一心只想火速除去餘孽。

事後我知道了，我在巡視森林四處遊走時犯了兩個根本的錯誤。首先我穿錯了衣服：扁蝨喜歡待在大約是膝蓋高度以下的植被底層，而我在這個部位穿的是織孔有點大的長襪，這讓牠們有機可趁，立刻鑽過小洞並爬到我的皮膚上。另一個錯誤，則是在我所選擇的路線上，那些長著青草與矮小灌木的地方，也是狍鹿喜歡逗留的場所，然而狍鹿卻是扁蝨的主要宿主之一，因此在牠們白天的藏身地點，會有特別多的小吸血鬼在坐等獵物。

所以這裡是我的結論：如果能穿對衣服並選對路走，不幸變成扁蝨囊中物的風險，便會急劇降低。只要走在健行步道上，就不可能與扁蝨打照面，牠們沒辦法讓自己從樹上掉在受害者身上，因為隨便一陣微風，都足以讓這隻羽量級的小蛛形綱動物飄移幾公尺。沒錯，牠需要的是直接的身體接觸，而這就發生在有人穿過地面植被時。

另外也毋需太擔心，這小惡棍並非潛伏在每一株灌木或每一根草稈上——如此牠們可要白忙一場，等到地老天荒。扁蝨雖然有辦法餓上一整年不進食，不過牠們自己肯定也不覺得這有多好，因此牠們偏好的「獵區」，就在那些動物步道兩側。動物步道就是狍鹿、紅鹿或野豬經常走動，以足蹄踩踏出來的狹窄小徑；吸滿血的母扁蝨會讓自己掉在此處的地上，牠會在這裡產卵，於是接下來也會有成群結隊的小扁蝨埋伏在這裡。只要有隻大型哺乳動物來到附近，牠走路時地面的震動與散發的氣味就會透露行蹤。於是扁蝨會立刻做好出發的準備，只要獵物進入可及範圍，牠便會高舉前足「上車」，接下來牠會爬到宿主皮膚上一處溫暖細嫩的位置，最慢在二十四小時後開始牠的吸血大餐。

這至少意味，通常要在一段時間之後，扁蝨才會真正開始行動。因為牠是如此從容不迫地，在為自己尋找那個最舒適的小地方，於是我們便有機會當場把牠活捉，並彈回草地裡。因此淺色長褲是值得推薦的，這樣一來上面的扁蝨就會像小黑點般無所遁形，之所以說像小黑點，是因為牠在不同的生命階段裡，身體有時候會比一毫米還小——這可必須仔細察看才能看見。根據我的經驗，如果在重新走回固定步道時，就立刻檢查一下脛骨部位，並捉起所有發現的可疑分子，百分之九十九的小蟲子是可以除掉的。

不過如果不小心有了一隻漏網之魚，這隻小瘟神並不會乖乖地待在你的腿上，牠會開始一小段漫遊之旅。目的地是一個「昏暗且潮濕」的小地方，例如人類皮膚上的皺折處。我甚至還經歷過這樣的事——有次躺在睡袋裡時聽到了一種非常奇怪的搔刮聲，然而這聲音不是來自森林，而是來自我的耳朵裡。在看過耳鼻喉科醫生後真相大白了，一隻扁蝨在我耳朵的鼓膜上定居下來，並老實不客氣地暢飲我的血。用鑷子夾出這隻扁蝨雖然讓我痛得直冒冷汗，不過至少牠的腳所發出的那種令人抓狂的搔刮聲也嘎然而止。所以這個經驗的要義是：為了安全起見，只要散步後在腿上發現扁蝨，身上的每寸肌膚，都應該要檢查一下。

如果不幸地這還是發生了，一隻小惡棍狠狠地咬緊了你的皮膚？那你就該迅速地把牠拉出來。扁蝨並非螺絲，牠沒有螺紋，因此那些把牠左右轉動一下再拔出來的建議，實在無濟於事；直接往上垂直拉出，還是最快速有效的方式。此刻也很重要的是，絕對不要把牠的身體擠爛了，因為如此一來牠的體液會入侵你皮膚上的小傷口，而糟糕的是，那裡面經常含有病原體。倘若扁蝨已經開始吸血，這些病原當然也會進入宿主的身體裡。因為牠在吸吮時也會在宿主的皮膚上注入一些唾液，這具有麻醉且阻止傷口血液凝結的效果，但是如果牠已被感染，在此同時當然也就注入了細菌或病毒——依「搭乘」在牠身上的是哪些陌生乘客而定（大約有三分之一的情況會是如此）。這也是為什麼，被扁蝨咬到的人會覺得不舒服。

那又會怎樣呢？如果是細菌感染，牽涉其中的多半是疏螺旋體（Borrelien）菌。雖然在許多案例中，人的身體會自動殲滅這些入侵的病菌，但打不過的卻也不少，於是病菌便會開始進行破壞。這些病原體的存在，在理想狀況下會引發皮膚的泛紅反應，也就是被咬的傷口四周，出現了大範圍的發紅現象。理想狀況下？沒錯，我們確實可以這樣說，因為現在你真的確定是被急性感染了。去一趟家庭醫生那裡，服用個幾天的抗生素，就一點問題也沒有了。

可是如果這「紅色警訊」並沒有出現呢？那就無從得知自己是處於什麼狀況中。或許你的身體自行克服了一切，或許你根本就沒被細菌感染。而假若扁蝨剛在我們皮膚上「歇」了不到幾小時，可能根本也還沒張嘴吸進牠的第一口血，我們還是該去看醫生嗎？對於這點，只能透過血液檢查，看看其中是否含有問題病菌才能確定。不過時常得待在戶外的人，不可能一被咬了就去找醫生；而我是這樣處理的，反正每次在進行某種檢查（譬如說全身健檢）時都一定得抽血，因此我總會同時要求多做一項萊姆疏螺旋體病的檢驗*。若非如此，在秋天扁蝨活躍的季節告終，也就是在牠因為氣溫下降而進入冬季蟄伏期時，做一次這樣的檢查也是明智之舉。

假若你與這小瘟神交手的機會像我一樣頻繁，你的血液檢查數值或許也會跟我很像——那裡面的抗體總是偏高，而這原本還是個堪憂的現象。幸好只是「原本」。因為曾經得過但痊癒了的感染，在血液裡留下一個免疫學上所謂的「疤」，但這不見得代表你正在生病。我的家庭醫師就曾經這麼說，或許我是那極少數的身體有能力對抗萊姆疏螺旋體病的幸運兒之一，因為那時的我，一點進一步的症狀也沒有過。

直到有天我突然感覺到劇烈的頭痛，而這症狀持續了一個多星期。該來的終究還是來了，我心裡逐漸浮現這樣的疑慮，而由柏林一個實驗室所做的專門檢驗確認了結果：在我體內做祟的，果然是令人心生恐懼的螺旋菌。唯一對我有益的作法，就是連續幾個月的抗生素治療。值得慶幸的是我對藥物的耐受性極佳，因此最後得以完全戰勝這疾病。

不過在那之後，扁蝨開始讓我感到強烈不安了。因為不幸的是，一來人的身體無法對牠免疫，二來有效的疫苗在可見的未來也同樣不可期，原因是衝著人體而來的疏螺旋體菌，種類多不勝數。此外，感染這種病菌時的症狀並不見得只有頭痛，在後期階段還可能會因為神經發炎，導致顏面麻痺與關節劇烈疼痛的症狀。一旦入侵的病菌已深植體內，治療會變得異常困難。因此以下這點非常重要：只要在被扁蝨攻擊後有身體不適的疑慮，就應該立刻找醫師診斷。

——譯註——

＊ 萊姆疏螺旋體病（Borreliose; Lyme-Borreliose）或簡稱萊姆病，就是由前述疏螺旋體菌所引起的人畜共通傳染病。最常見的症狀是皮膚出現紅斑，其它常見症狀則是發燒、頭痛和疲倦。若未治療，則可能會出現顏面麻痺、關節炎、嚴重頭痛以及頸部僵硬、心悸等症狀。

依區域而定，有些扁蝨的唾液，還夾帶了一種讓人更不好過的偷渡客——ＦＳＭＥ病毒。值得慶幸的是，我們已經有了防護效果很好的疫苗來對付它。ＦＳＭＥ這種疾病的全名為初夏腦炎（Frühsommer-Meningoenzephalitis），一種腦膜炎，有百分之七十到九十的感染者不會感覺到絲毫異狀，其餘的則會出現類似流行性感冒的症狀，而只有不到千分之幾的患者會死亡。「只有」？如果仔細想想，讓我們為了確保日常生活安全而採取措施的那些風險又有多大，就會覺得即使是這個機率也太高了。不過也不是每個地方都存在著隱憂，因為幸好這種病毒並未全面擴散；假如你想知道自己是否就住在主要傳播區裡（或自己度假時會不會經過那些地方），可以到羅伯特．柯霍研究所（Robert Koch-Institut）[5]的網站上查詢資訊。

在德國存在這種風險的區域中，你尤其要注意巴登符騰堡（Baden-Württemberg）與巴伐利亞（Freistaat Bayern）兩邦，此外奧地利與瑞士境內也都潛藏著危險。在奧地利獲報的病例雖然急劇減少，究其原因並不是因為病毒的威脅減退，而是超過百分九十的全民疫苗接種率。[6]人若身處阿爾卑斯山區而想避開危險，就得登上高山：海拔一千公尺以上的高地，危險就會自動消除——根據瑞士聯邦衛生署（Bundesamt für Gesundheit）的資料顯示，這些地區還從未發現過帶著這種病毒的扁蝨。

所以究竟該怎麼做呢？為了安全起見，該去注射疫苗嗎？可想而知，這個議題總能引發激烈的論戰與不安。在討論預防感染危險的同時，更必須衡量疫苗可能造成的危害。只被咬一口便發病的機率其實很低，而且根據羅伯特·柯霍研究所的報告，即使是在主要傳播區內，也只有百分之零點一到三點四的扁蝨帶有這種病毒。不過只要是像我一樣經常活動於戶外，且自己又住在風險區裡的人，還是應該要認真考慮注射疫苗這件事。

然而到底為什麼這種經由扁蝨叮咬而引發疾病的案例會日益增加？關於這點，科學家與獵人之間可是爭論不休。「獵人」？在狩獵行為——或者更是餵養行為——的影響下，野生動物的整體數量，在過去幾十年間急劇成長。只要曾經在夏天近距離地看過一隻狍鹿，就知道有多少扁蝨為了要讓自己能像顆脹得圓鼓鼓的豌豆般掉下，並且在死前產完上千顆的卵，在那裡享用著牠們人生的最後一頓鮮血大餐。而那些孵出來的小扁蝨，又會繼續以吸食老鼠、刺蝟、狐狸，以及其它哺乳動物的血為生，並從中感染到病原。這些體型較小的受害者，在整體數量上雖有所波動，但據我所知並沒有長期持續攀升的現象；然而狍鹿、紅鹿與野豬的情況就全然不同了，牠們的數量簡直是一種爆炸式飆長。

狍鹿愈多，扁蝨也就愈多——這點似乎毫無疑問。不過這件事有點麻煩，因為一些狩獵界的記者抗議說，至少反芻動物能將血液中的細菌除掉，所以扁蝨身上的病原，不可能傳染自這些野生動物。[7] 然而從另一方面來看，他們的論點在扁蝨進行最後一次吸血這件事上其實一點都不重要，畢竟扁蝨之後所產的卵，無論如何都不含疏螺旋體菌。重點是對這些小吸血鬼來說，超高五十倍的野生動物數量，讓牠們有了更好的機會去繁殖出數量上千倍的後代；而這些小扁蝨，常常在像老鼠這種小哺乳類動物身上第一次吸血時，就感染到了病菌。這就是萊姆疏螺旋體病與初夏腦膜炎，之所以在人口密度偏高的中歐地區廣泛流行的來龍去脈。

再回到野生動物數量大幅增加的這個罪魁禍首，因為我們這裡，已屬當今全世界哺乳類動物密度最高的地區之一，「德國問題」甚至還成了國際社會的話題。然而在此同時，我們卻也很少看得到野鹿和野豬，因為白晝時牠們多半躲藏在森林深處。動物心懷恐懼，而疾病擴散在人群裡——我們的大自然，到底是怎麼了？

狩獵愉快！

留下小確幸，停止大罪行，這是我信奉的理念。

我們的森林地景，有時候看起來還真有過去鐵幕時代的風格。每隔不到幾百公尺的距離，就矗立著一座射擊台，上面還經常坐著持槍且身穿具有掩護作用綠衣的人。或許是因為太習以為常了，人在走過這種建築物時，竟然也習於對它視而不見。不過這在野生動物的眼中自是全然不同，至少那些可能成為槍下亡魂的對象，就完全心知肚明，從射擊台上會飛來什麼橫禍。

這成千上萬座的獵台，遍及我們森林的各個角落，所有的林間空地，因此也幾乎都在槍械的射程之中。聽起來有點令人毛骨悚然吧？但狩獵不是一種標榜歷史悠久，且值得以目前的形式繼續保存下去的傳統嗎？畢竟自有人類之始，也就開始有了狩獵活動。這在早期事關生存，是為了取得肉、毛皮與骨頭，有時候也是為了防禦猛獸——這在當時無關道德。然而今天呢？

狩獵在今天是個熱門議題，而其中所衍生出來的疑問，就是它從生態的角度來看，究竟還合不合時宜。不過你若從社會層面來看狩獵，情況就另當別論了；因為擁有狩獵執照的人愈來愈多，而且也有愈來愈多的女性，加入了這個傳統上由男性主導的領域。

為了能更深入理解，且讓我們先放眼眺望一下廣闊的海洋世界。捕捉與獵殺鯨魚的行為，皆已不見容於絕大多數的國際社會，即使某些鯨魚種類在數量上已有所回升，也還是在這項禁令保護的範圍之內；此外捕獵抹香鯨與小鬚鯨的行為，也經常引發抗議，而我認為這完全正確，因為人類在食物來源上，早就可以訴諸其它更好的選擇。

畢竟全球的平均穀物生產量為每年每公頃五公噸，[8] 若依每公斤的玉米含三千五百大卡熱量，且每人每日所需的熱量為二千五百大卡的標準來計算，一公頃大的田地，大約可以養活二十個人。而鯨魚呢？牠們的體重約有一半是由肉所組成，在小鬚鯨身上，這分量大概是五公噸——跟每公頃的穀物產量一樣。然而因為牠每公斤的肉只含一千二百大卡的熱量，於是理論上一隻這樣的鯨魚，一年內就只能養活七個人。所以這等於平均每多耕作一公頃農地，就會讓捕殺三條小鬚鯨變成是不必要的；而且因為全球每年捕捉的小鬚鯨其實不到一千隻，要放牠們一條生路，且另尋管道來彌補這缺口，其實也不難。

即使要傳統上以此為生的原住民族群同樣也放棄獵鯨，我個人也認為完全不會有什麼問題。反正在此同時，他們生活上所仰賴的物品，也已大多來自現代文明；就連捕獵活動本身，用的也都是現代化的機動船隻與槍械——根本與祖先傳下的技藝沒什麼關係。為什麼我非得要扯這麼遠？因為我們在地的獵人在為狩獵立論時，簡直是以伊努特人或格陵蘭人自許了。他們說狩獵是歷史悠久的傳統，而且我們的祖先，早在遙不可及的遠古時代，就已經以此謀食維生……我反對！庭上。

在過去的好幾百年裡，狩獵根本從來都是貴族的特權。而此特權是一直到一八四八年才被廢止，之後狩獵權與土地結合，只要是擁有一小塊林地或農地的人，都有權利獵取那上面的狍鹿。相對於在瑞典至今還一直依此來界定狩獵權，這條法令在德語系地區卻不過實施兩年，就被一道新的門檻給阻撓了——相鄰土地總面積大於零點七五平方公里的地主，方可適用新的狩獵權。然而哪個農人能擁有這麼多土地？於是所有其它面積較小的土地，被迫整合在一個合作社之下，並由這組織來負責日後狩獵權的租賃。而又有誰能負擔得起那昂貴的租金呢？當然是那些富裕的貴族。他們才剛在革命中失去了這個特權，現在又用走後門的方式，再度恢復了自己「狩獵老爺」的身分。這個現象，原則上至今並沒有多大的變化，如果把獵場管理員、驅趕圍獵及連帶的野生動物損害補償費*都計入，一個普通大小的獵區的開銷，最多可達五萬歐元——每年！即使在持有狩獵執照的人當中，這種花費也只有極少數的人能負擔得起，因此狩獵這個活動，自始至終都只能被視為是一種金字塔頂端的休閒活動。

於是我們又回到了那些「綠衣黨」所主張的起始論點：狩獵是一種古老的傳統。這主張對萬千百姓中的一小撮人來說或許沒錯，對其它多數人來說卻從來都不是。我們取得食物的傳統，自數千年以來就是農業耕作，而非獵殺森林裡的動物；即使是那些以矯飾且美化字眼來傳頌的狩獵習俗（例如把「血」稱作「汗」），也不過是從第三帝國（即納粹時期）起才開始廣泛流傳。當時的國家狩獵部長赫爾曼．戈林**，為所有的獵人制定出複雜的儀式與狩獵號角吹奏曲調。

對狩獵戰利品的崇拜狂熱，也在八十年前達到了鼎盛。紅鹿厚重雄偉及狍鹿令人讚嘆的叉角，野豬修長尖銳的獠牙，都是許多人傾力想要入手的獎盃。為了要從育種上達成這個目標，先天就具有這些特徵的動物會被悉心照顧，以使牠那令人期待的特質能夠遺傳下去。而冬季時大規模的餵食行動，則是要盡可能地確保所有動物都能存活，如此也才能保證總有大量具備這些特質的動物可供選擇。在那些戰利品的展示秀上，處理完的動物頭骨則會被陳列擺出，並依照一套複雜的給分系統加以評價。

那今天呢？不幸的是自納粹時期以來變化並不大。我們的法令與規定，依舊反映著舊時代的育種思想，這特別與那些被掛在客廳沙發後方牆上的壁飾有關。其實你我本來也不必在乎這些，畢竟這世上其它令人匪夷所思的嗜好也不少。可是在這種風氣的助長下，大型草食性動物的數量大幅增加，如前所述，牠們的分布密度甚至能高出自然狀態下五十倍，而其後果是我們的森林——尤其是那些本土闊葉樹種的幼苗——真的要被吃光了。

不管是櫻桃樹、橡樹、山毛櫸樹或白蠟樹的嫩芽，山毛櫸堅果或橡果這樣的種子，全都因為那些飢腸轆轆的動物而大量消失了。於是愈來愈少闊葉樹有機會成長茁壯，許多林地主人之

——譯註——

＊ 野生動物損害（Wildschäden）指的是野生動物對農、林、漁、牧業所造成的損害，在林業上如透過撕咬、食用及磨擦損害樹木。依德國狩獵法，獵場租用人對獵區裡的這些損害，必須負擔部分或全部的補償費。

＊＊ 赫爾曼．戈林（Hermann Göring, 1893-1946）與希特勒關係親密，是德國納粹時期重要政軍領袖之一。他在擔任國家森林部長與國家狩獵部長時制定了《國家狩獵法》，對於狩獵活動、動物的保護與繁衍進行了詳細規範，是當前聯邦德國狩獵法的來源；德國在他任職之後的森林維護與保育，也被視為世界各國的範本。他雖反對濫捕與盜獵，本人卻也熱愛狩獵。

後只能靠種植雲杉及松樹來自救；這些樹因全身含有樹脂及精油而帶著苦味，再加上刺人的針葉，所以野鹿對它們興趣缺缺。藉由栽種這些樹種，森林管理者至少得到了某些「長得高」的樹，而這製造出了森林依舊的假象。

森林裡之所以會有圍籬這回事，多半也要歸咎於狩獵。許多地方的闊葉樹現在就只能長在圍籬內了，一位同仁因此竟然還創造出「監獄林業」這個新辭彙。圍籬內的世界安全完好，不僅是那些小樹，柳蘭（Waldweidenröschen）也能長得欣欣向榮。這是種有著紫紅色美麗花序的大型多年生草本植物，它的外表令人印象深刻，野生動物也特別喜歡它的味道，因此在除了保護區塊以外的地方幾近絕跡。

說到保護區塊以外——某些區塊被圍起，就代表野生動物可以覓食的面積縮減，而這會使其它地區內植被被吃掉的壓力，也跟著增強。又因為野鹿始終飢腸轆轆地渴望著那個被圍起的樂園，只要一有機會，例如一棵樹在風暴中倒下並壓低了鐵絲網，儘管缺口再小，牠都會千方百計鑽進去。而常常就算出動了獵犬，都無法將之驅離，於是這座現在等於宣告報廢的圍籬，也可以立即拆除了。

在那些因為需要保護的山毛櫸樹或橡樹較少，而不值得蓋圍籬的地方，則會搭建出其它的

「紀念碑」——一種讓人遠看以為是軍人公墓，實際上卻是個布滿防護遮蔽物的區域。那些防護套的頂部開敞，像一座座迷你溫室般罩在樹木的幼苗上；然而這樣做的缺點是不僅費力昂貴，在劇烈的風暴與降雪中，這些防護套——當然連帶著裡面的小樹——還可能會整個傾倒歪斜。除此之外，一旦樹尖的部分從容器頂端露出，照樣會被吃掉。在如何到手自己最愛的樹尖嫩芽這件事上，野鹿的想像力極其豐富，如果因為小樹已有兩公尺高，讓牠怎樣搆也搆不著，牠會乾脆一頭把樹幹撞斷。

進一步的防護方式，則是直接在樹木的嫩芽上塗抹或覆上某些東西。這種方法的作用在於破壞嫩芽的味道，就像過去為了讓小孩戒掉啃指甲的壞習慣，而在他的指尖塗藥一樣。只是不管要掛在嫩芽上的是化學藥劑或是羊毛，這項工作需要的投入都十分可觀。每年有一到兩次，林工必須找出所有受害的小樹，並加以處理，而這樣的花費幾乎難以負荷。在改變森林經營生態之前，我林區裡的這筆費用，每年可高達七萬五千歐元，這對一個居民不足五百人的社區而言，長久下去根本是財政上的致命傷。

更何況雖然在傾盡所有努力之後，確實有更多闊葉樹得以再度茁壯，森林隙地的面積還是很驚人。因為每一處基於經費短缺而無法大費周章採取行動的地方，只要能照進來的光線較多就會被灌木占領，或是在最好的情況下，透過種子的傳播自己長出針葉樹。不過要想解決以上的這些問題，其實也可以不要這麼麻煩：餵食野生動物必須禁止，獵殺大型肉食性動物的行為，也必須有更嚴厲的處置。如此才能將野鹿的數量，減少到讓年輕闊葉樹也有機會成長的水準。

撇開狩獵的生態與社會效應不看，它對烹飪的層面也有其影響。關於這點，我是在剛接任林務單位主管的職位時見識到的，當時公有林區裡所獵殺的野鹿及野豬的營銷，都歸在我的職務之下。林務員會先把動物送到設置在我們林務局地下室、差不多就是個超大型冰箱的冷藏室裡，那些還帶著毛皮與頭、只處理掉內臟的動物，會先被掛在這裡風乾熟成一段時間。然後有個專門從事野味買賣的商人，每星期會從科隆過來把這些貨物一口氣全部載走。

那時候對我而言，這是件再簡單不過的事，一個經驗老道的野味販子反正一切照單全收，而這其中當然必有緣故。所以對此我有必要在此說明一下，在盛滿野味的盤子端上桌前，那些被獵殺的動物到底發生了什麼事——特別是如果你喜歡吃野味的話。假若答案是肯定的，在讀完接下來這幾段話後，說不定你的態度就會有一百八十度的大轉變。因為如果一個肉販以同樣的方式來處理他賣的肉品，衛生局的人可就要找上門來了。話說在前頭，以下描述的現象，只是我們所吃的野味中的一小部分；但無論如何這一小部分確實存在著，而你是不是「幸運」中獎遇上了，答案會在你咬下第一口時才揭曉。這其實有些令人反胃，原諒我實在不吐不快。

就從獵人所射出的那一槍開始吧！如果落點夠「好」，動物就會一槍斃命，這也是獵人們所謂的Blattschuss（射在肩胛骨位置的一槍）。然而這致命的一槍，對野鹿等動物或許是件好事，對「肉質」來說卻很糟。一般動物在屠宰場上都只接受麻醉，因為接下來還必須進行放血——為此當然要讓牠們的心臟保持在跳動的狀態，這很合理。但現在這致命的一槍所擊中的，是人稱「Kammer」，也就是胸腔內肺臟所在的位置，動物會瞬間一命嗚呼，血液則繼續留在體內。這種野味，雖然吃了不至於讓人生病，卻是肉味特別腥羶的原因之一。

更糟糕的是，許多沒射準的槍彈擊碎了動物的腸胃。猛烈的射擊衝撞力，使腸胃的內容物飛散在四周的肌肉組織裡，如果你曾經聞過那種味道，就會知道為什麼有些野味嚐起來是如此的「野」。此外爆裂的子彈會像霰彈一樣嵌入四周，那些碎裂的鉛片也有破壞肉味的作用；現在市面上雖然也有不含鉛的彈藥，但家裡槍械櫃裡大量的舊彈藥庫存，總得先用完再說——而這可能得等上好幾年。

如果在你耳裡，「鉛」聽起來並不是種很對味的調味料，那接下來我所要說的也沒好多少。因為正是在盛夏這段期間，情況會變得非常不妙——如果沒有及時找回打中的獵物；這代表死去的動物，可能要在溫暖的陽光下曝曬一段時間，而獵人必須決定牠的肉是否還可以使用。聽起來帶點利益衝突之嫌，不是嗎？此外宰殺動物是在森林地面上進行，沒有水可供清洗，而且還常常是在夜色將臨之時。沒有肉舖裡鋪了磁磚且有冷卻功能的空間，你還期待好貨色嗎？想像一下這個畫面，如果就在超市後方的停車場上宰殺豬牛並取出內臟……我幾乎無法想像有人還敢買這超市裡的東西。

當然，也有許多獵人與守林員，是以無可挑剔的衛生標準來處理獵物，並提供安全無虞的肉品；而且當然也有禁止以違反衛生條件的方法來處置野生動物肉類的法規。然而即使是肉品檢驗師事先查驗過獵物，並認為一切都沒問題，能夠排除的也不過是健康上的風險。否則端到你桌上的到底是怎樣的「貨色」，我在開始任職林務工作的那段期間，就已經跟著體驗過。

當時我所面對的是一個作風很是「豪氣爽快」的商人，他會把那些因多日屯放而長出來的黴菌拍掉，而且只要求我們對有點發霉的部分打些折扣；如果問及要如何賣掉像這樣的肉，他會簡潔有力地告訴你「就做成肉醬」。帶著濃重「野味」的肉醬？沒錯，這樣的野味我也嚐過一次，而且毫無疑問的，這輩子我再也不想碰這樣的東西。而這種肉的野味之所以格外濃重，不僅是因為破裂四散的胃糜或夏日的高溫，發情期被捕獲的獵物也絕不會被丟棄，牠們的肉同樣會進入市場裡。發情期的公鹿會整天往自己身上撒尿，在荷爾蒙的迷幻作用下，牠滿腦子只有母鹿；那強烈刺鼻的雄性氣味是如此深植在脂肪中，即使只是用手摸過，連肥皂都很難洗掉那味道。而這樣的肉吃起來，完全就像公豬肉那樣腥羶。

依區域及野生動物種類而定，在所有那些令人胃口全失的條件中，有時候還得再加上放射性活動這一條。就像如果你在巴伐利亞地區想叫份「新鮮的」野豬肉，小心車諾比核災的幽魂至今仍在作祟；狩獵圈不會開誠布公地討論這個話題，即使是相關單位，對公開測量資料的態度也是遮遮掩掩。

不過一些令人高興不起來的事實，還是公諸於世了，就像透過綠黨人士在巴伐利亞邦議會裡所做的質詢。來自邦政府的答覆透露了許多真相，例如在這個事件中，共有約兩百三十公克的放射性物質銫，降落在舊聯邦共和國的範圍裡；這個看似微不足道的分量，卻足以嚴重輻射汙染我們的森林，導致直到今日，都還能在野豬肉中測出嚴重超過安全標準值（每公斤六百貝克）*的輻射。[9] 雖然其它食品（如同所有的有機物質）也顯示出含輕微放射性，但是每公斤十貝克，基本上是種可忽略的微量輻射。[10] 而根據當局報告，有些野豬身上測到的輻射量，甚至高於每公斤一萬貝克，整整超過可容許標準值十五倍以上，事態之嚴重，讓人不得不將牠清除運走。不過為什麼偏偏就是野豬深受其害？究其原因，是野豬的食物來源與野鹿不同。例如牠嗜吃野蕈，而依種類不同，許多野蕈會吸收具放射性的金屬物質，並將它集中在組織裡。

然而這整件事最驚人之處，是這一切都只是隨機抽檢的結果。也就是說，有許多沒檢驗到的動物，都已經被吃下肚。不過這也不奇怪，原因顯而易見，這背後存在著野豬肉市場會就此全面崩潰的隱憂，而維持這個市場本來就有點困難。

讓我們姑且相信，山產野味的取得，在衛生上一直都毫無疑慮。這樣一來，以某些在族群數量上並不受威脅的野生動物，來取代部分肉品來源，豈不是正好？畢竟牠們不是生活在大規模養殖業裡那種既窄又髒的「盒子」中，而是活動在自由開放的空間裡，所以每個無肉不歡的人，說不定還可以藉此幫忙減輕動物所要受的罪呢。況且我們既然都已經挑明了野味在衛生問題、鉛與輻射汙染等這些方面的弊端，為了公平起見，也該把它能讓我們免除某些負擔的優點，放到天平上來平衡一下。像使用抗生素或驅蟲藥（其效果有如殺蟲劑）這些藥物的問題，在野豬與野鹿身上就完全不存在。

其實對於某種資源的利用是否利多於弊的這個問題，同樣也適用於森林裡的其它產物。木材、漿果、蕈菇、溪魚或山產野味，是否該採集利用？原則上只要我們不因此危害到自然，那就是一種取得食物與燃料的替代形式，不僅合法且符合生態。

只要我們不因此危害到自然。但是「危害」也會以一種基因轉變的形式出現，而且這裡我指的並非基因工程。當人類以其它生物為食，就是在演化上製造了壓力；那些成為我們獵殺對象的動物，為了生存，會開始進行自我調適。「自我調適」意味不再讓自己那麼容易淪為犧牲品，而還有什麼比「讓人類再也看不到」，更能阻礙我們獵殺呢？所以野鹿雖然沒披上隱身袍，還是照樣消失在我們的視線之中；這很簡單，牠們只要白晝時不出現在草地上與田野間，讓自己嚴密地藏在灌木叢裡與森林深處。我們經常聽到「這些是夜行性動物」說法，但這可是

——譯註——

＊ 貝克（Bq）是表示放射源活性強度的國際單位，得名於法國物理學家亨利．貝克勒（Henri Becquerel, 1852-1908）。主要用來衡量水、食物、土壤或其它放射源等物質中，放射性核素釋放出放射線強度的大小。其與常見的西弗（Sv）有著截然不同的概念，後者是被輻射物體接受輻射劑量的單位。

大錯特錯。

牠們不過是轉移陣地，只在隱密不易見的範圍內活動而已；身為典型的草食性動物，牠們仰賴全天候的進食，只有在躺下休息及進行反芻時才會中斷吃草。這種退避至隱密之處的作法，要對付像狼這樣的敵人其實沒多大用處，因為狼只要憑藉著嗅覺及聽覺，就能對獵物行蹤掌握到足夠的線索。所以野生動物在過去數百年裡讓自己適應的，不是狼，而是像人類這樣的掠奪者；由此看來，我們一方面有著高得令人無法置信的野生動物密度，另一方面卻從來都與牠們緣慳一面，這種矛盾的現象瞬間有了答案。

即使是樹木（某種意義上它們也是人類的犧牲品），也透過了我們擇木而伐的行為，證明了這一點。樹木在自然狀態下所需要的許多特質，並不受人類喜愛；譬如讓某些樹幹看起來有如擰過的手帕那樣扭曲的生長方式，功能其實就像大貨車上的彈簧一樣：它讓樹木在風暴中來回擺盪，以免於折斷。可惜的是這種樹幹所鋸成的原木板，在乾燥時同樣也會因為扭曲變形而無法利用，所以林務員就必須獨具慧眼，將從小就出現這種特徵的樹木鋸掉並賣做柴薪——如果只是拿來升火，這個缺點當然無傷大雅。有機會變老變壯的，只有那些木質纖維筆直且毫無瑕疵的樹，它們是獲得最高利潤的保證；而也就是這些樹木模範生，才有機會繁殖並將自己的基因留傳到下一代。同樣很不吃香的特徵，還包括樹幹分叉生長（也就是叉成兩根主幹）或彎曲，這些都是鋸木時從中取得筆直木料的障礙。

於是整座森林，就如此這般地逐漸依照我們的需求而轉變，然而在這過程中，樹木卻不知不覺地變成了基因上的殘疾者。因為這種篩選淘汰掉的，不只是那些造成樹木長得歪七扭八或其它「缺陷」的遺傳天性，很多時候還包括了其它特質。而這些特質是什麼，至今還缺乏全面性的研究，因此我們將來的森林會有多麼強健耐病，與一場賭輪盤遊戲沒什麼兩樣。不過樹木總還是林地主人經營管理的焦點，至少他們已經察覺到這種基因上的兩難狀況。倒是野蕈的情況又如何呢？那些生命終結在我們鍋子裡的真菌子實體，再也無法對物種的繁殖有所貢獻；相較之下，人們不愛吃的個體或種類，便得到了繁殖優勢。

所以結論是？我們是不是該放過一切，不再染指大自然？人類有能力在生態系統中引發重大強烈的變化，這點毫無疑問。而對森林影響甚鉅的，則是現代的林業管理。每個以一大片人工雲杉林來取代原始山毛櫸林的地方，當下都有數千種本土物種消失了；所有以狩獵之名餵養野生動物，並以鹿角的尺寸大小為依據來選擇獵取對象的地方，它的生命共同體也一樣會發生變化。

數量爆增的野豬，可能就是稀有的小豆螺（Quellschnecke）在某些地方滅絕的凶手；這種鬃毛動物喜歡在爛泥裡打滾，而這種環境，只要是森林裡有泉水汩汩流出的地方都找得到，即使在乾旱的夏天。當為數泛濫的野豬族群，幾乎把所有這樣的小型濕地都變成了自己的健身美容中心，那些必須仰賴潔淨、清涼的泉水而生的小豆螺，就毫無活命的機會。數以百萬計的饑餓的狍鹿，也會帶來類似的效應；牠們把味道鮮美的柳蘭吃光抹盡，使它在許多地方幾乎根絕。我想說的是，對大自然我們需要更多的保護，而當務之急，就是避免這種劇烈的改變。比起開伐木重機的人，野菇採集者對自然界的物種組成影響要小得多，前者以他們巨大的機械碾壓森林地面，過分密實的土壤，則阻斷了地底下許多生物的活路。

留下小確幸，停止大罪行，這是我信奉的理念。每個樂於享受一小盤野菇或在家手作覆盆子果醬的人，也都會有意願維護生態系統；即使是以木材為燃料，都可以有利於永續環境——如果這些木材來自能夠促進本土闊葉林發展、且被驗證以生態工法經營森林的業者。而且為了讓森林裡所有那些我們至今僅有初步了解的神奇生命，也有機會在完全不受侵擾的環境下繼續發展，我們需要一定比例的大型保護區。當前我們可以完全「免於」被利用的森林，甚至連百分之二都不到；對一個富裕的工業國家而言，這比例根本是鳳毛麟角。

不過讓我們再回到採集森林資源的這個主題，此處還潛藏著另一種危機：狐狸身上的多包條蟲（Fuchsbandwurm）。如果從大自然取得食物不再站得住腳，那其訴諸的理論豈不早就不合時宜了嗎？

另類的微塵風險

為了維持平衡，大自然會自己找到新的出路。

對我們而言，狐狸已不再是種具威脅性的危險。好吧，牠們三不五時還是會到處偷抓雞，這在我們林務站的宿舍裡，就發生過好幾次。在某個三月的早晨，我醒來時先望了望窗外，然後睡眼惺忪地對妻子說：「妳看，真的又下雪了！」沒錯，草地確實是白色的，但「那不是雪，那是羽毛」，妻子的這句話讓我大夢初醒，不得不面對殘酷的事實。

我們一開始搭建得有點瘸腳的雞欄，顯然不夠嚴密，而狐狸則善用了漏洞，趁機在夜裡擄走了整群雞，還在我們臥室窗前享用了一頓雞肉全餐。這種在過去或許會對鄉村居民造成嚴重打擊的事件，今天說來頂多只是令人氣惱；而早期最需要人傾全力應付，且實際上也深具威脅的危險——令人聞之喪膽的狂犬病，今天則至少在中歐與西歐地帶，也已消聲匿跡。

這種疾病，確實讓人不得不心生畏懼。感染狂犬病毒的人，除了被染病動物咬到的傷口外，一開始並不會有絲毫異常；類似流感的症候，會在好幾個星期後才出現，然而此時要進行治療，早就為時已晚。因為病原已侵入病人的腦部與神經系統，並且在這裡發展出致命的力量；除了引發其它症狀，它們也會讓染病的人像動物一樣，突然失控大怒並甚至咬人，而不到幾天後，死神便會降臨。即使真正感染狂犬病的人只是少數，它駭人聽聞的病症畫面，已足以讓這件事再清楚不過：狂犬病必須徹底根除。

為了達成這個目標，許多國家簡直是不遺餘力，而德國自然也不例外。在過去的幾十年裡，人們千方百計要讓狂犬病的主要傳播者——也就是狐狸——完全滅絕；幾乎是不擇手段，有關保護動物層面的考量，在這個案例中更全然被摒棄在一旁。簡單說，就是不管哪一個季節，只要見到就是對準槍口毫不留情地下手，不得有漏網之魚。在這種認知下，人們自然也有意識地容許獵殺哺育中的母狐狸，而那些失恃的幼仔，則乾脆讓牠們餓死在巢穴中；就算母狐狸沒抓著，牠留在地底洞穴裡的孩子也會被挖出來打死。不過即使如此趕盡殺絕，人們還是控制不了狐狸的數量，因為牠們對這種殘暴攻擊的自然反應，就是繁殖得更加劇烈，就連用上像灌毒氣這樣的最後撒手鐧，把有毒氣體引進牠的巢穴中，都效果有限。

一直要到二十年前，有關單位的政策終於有了轉變，狂犬病的疫苗開發了出來。不過要怎麼接近那些因為遭受猛烈追捕、而變得極度羞怯畏人的野生動物呢？施放誘餌是當時的作法，那裡面夾帶著含有效疫苗成分的膠囊。為了讓狂犬病儘快從大部分的地方消失，裝誘餌的小盒子，是以飛機空投的方式來施放；有次恰巧有一盒掉在我們林務站旁的垃圾桶上，這給了我機會就近端詳它一下。那些誘餌是由冷凍碎魚肉做成，裡頭包裹著一個裝有血清的小膠囊，狐狸吃下誘餌時，便會咬破膠囊，血清也隨之流出，狐狸於是也就接種了疫苗。記得那時候我還曾經自問，下列哪種狀況可能更危險：是每年造成寥寥幾件感染人類案例的染病狐狸？還是從高空掉下、且砸在健行者（或林務站宿舍房客）頭上的冷凍魚塊？幸好至少在現實中，我還不曾真正耳聞過「誘餌砸人」事件。

此外因為像貓、狗及馬這些家裡養的動物，也都全面地接受了狂犬疫苗的注射，完全根除狂犬病的目標終於得以達成。或者至少是幾乎完全。因為除了狐狸之外，其它哺乳類動物也能傳播狂犬病——而危險經常來自境外，如進口自狂犬病尚未絕跡的國家的狗；或來自空中，蝙蝠能傳播一種狂犬病毒的近親病原，而且在極罕見的案例中也會噬咬人類。

所以狐狸目前至少是從獵殺名單中被除了名，然而在有關疾病的討論上，牠終究還是脫離不了關係。狂犬病也嚴重削弱了狐狸的族群，它被認為是制衡狐狸數量的主要因素——數量很多的狐狸，意味頻繁的社會接觸，這導致高傳染風險，最後則透過一波發病高峰，使族群數量崩潰。接下來這區域內少數倖存的個體，會因為現在彼此之間較大的空間距離而不再相互感染；於是之後的好幾年裡，狐狸的數量會再度增加，整個過程也會從頭再來。不過狂犬病在今天終究已成為歷史，狐狸的數量也到處在強勁回升——甚至非常強勁，因為牠們現在大多非常健康。

然而就如同典型的自然法則一樣，為了維持平衡，大自然會自己找到新的出路；因此若不是狂犬病，同樣也會有其它病原來取代它的位置。而體型微小的多包條蟲，現在就是占據這個位置的替代者之一。這種蟲跟著染病的麝鼠，從西伯利亞遷移到我們這裡來，然後自九〇年代起開始大量繁殖。負責調查此事的邦檢驗局最近才剛公布，目前在萊茵邦（我的家鄉胡默爾鎮就在此邦）有超過百分之二十的狐狸感染了多包條蟲，[11] 然而這樣的比率，絕不是這雪崩式的大量感染中排名最高的。

用多包條蟲換狂犬病，我們是不是讓自己幫了個大倒忙？先來仔細看看這種微小的寄生蟲有何能耐吧。牠們的卵非常小，微小程度幾乎可媲美塵埃。這些卵由成蟲排出，而成蟲本身的尺寸，其實也不怎麼驚人——很少到三毫米，最多就這樣了。也難怪一隻帶著病原的狐狸，可以同時容納多達二十萬隻絛蟲在牠的腸道裡閒逛，[12] 而其結果是：數量驚人的蟲卵，會隨著牠的糞便，散布在四周開放的環境中。

狐狸所排出的這些「香腸」雖然令人倒盡胃口，老鼠可是吃得很滿意，於是無意中牠也接收了這些蟲卵。這些蟲卵會在牠的體內孵出，幼蟲則會寄生在像肝臟這樣的內臟裡；現在這隻因為染了重症而體弱氣虛的囓齒動物，在遇到敵人狐狸時，再也沒辦法快速脫逃；如此這般，老鼠身上這批盲目乘客，就跟著順利地抵達了牠們的目的地——狐狸的胃裡。進了狐狸五臟廟裡的老鼠會被分解消化，而從牠的身體——就像特洛伊的木馬般——會湧出無數的狙擊手，牠們的目標是狐狸的腸道，在那裡牠們會以宿主的食糜為生，如魚得水般過得無比暢快。這個過程對狐狸幾乎無害，因此牠以宿主身分幫忙散播寄生蟲的時間，可以長達數年。

這整個過程危險嗎？是的，如果吃進蟲卵的不是老鼠而是人。接下來會發生在我們身上的事，與一隻小囓齒動物並無二致：多包絛蟲的幼蟲會寄生在我們的內臟中。不過在那種不舒服的感覺開始出現前，可能也已經過了好幾年——這段時間其實極其重要，此時要有效治療這種疾病還是可能的；然而要完全戰勝這種小寄生蟲是不可能的，患者必須終生服藥才有辦法抑制它。不接受治療的結果，則幾乎總是致命的，而這正是病原想要的效果：宿主的動作應該要愈來愈遲緩，如此才容易被狐狸捕獲。但人類原本就不屬於狐狸萊納克*的獵物，這個案例於是構成了科學上所說的「錯誤宿主」，因為對多包條蟲而言，這也代表著死路一條。

有關多包條蟲最險惡的一點，是宿主根本無法察覺自己是否感染了——與狂犬病恰好相反。因為後者是透過咬傷傳播，所以發生在風險區裡的案例，接下來幾乎都會立刻尋醫就診；相較之下，人卻可能在遭受多包條蟲侵入的頭幾年裡，都還一直處於無知的狀態。這些小如微塵的蟲卵，雖然主要存在於狐狸的糞便中，卻也可能飄散沉積在野莓和蕈類上。狐狸在排泄完後會把自己舔乾淨，之後牠會繼續舔著毛皮，而那些塵埃似的蟲卵，就是如此這般地從牠的毛皮上四處散播。也因此根據有關單位建議，接近地面的漿果不要採集，而且為了安全起見，最好也將所有的採集物都徹底煮熟，因為多包條蟲的卵，可以耐受嚴寒及攝氏六十度的高溫。

好吧，這危險是真實存在著，問題是當我們到森林裡去踏青時，風險到底有多大。那些鮮豔欲滴、香氣迷人的野草莓，是不是真的從此只能煮成果醬才可以放心享用？而那些飽滿多汁的黑莓，是不是最好從此再也不要摘了就直接送進嘴裡？當我們找根樹幹坐下來休息時，還能直接拿起夾了沙拉和火腿的麵包吃嗎——假若吃之前沒先洗手（在森林裡這有點難），而之前才剛摘了或許也附著有蟲卵的花？此後我們的大腦深處，或許會一直傳來「多包條蟲！」這道陰魂不散的呼喚吧。

想要務實客觀地分析這件事，參考羅伯特．柯霍研究所公布的資料最有助益，這裡列出了部分必須強制通報的傳染疾病並加以評估。根據他們的報告，二〇一四年德國境內共有一百一十二個多包條蟲的感染病例，其中八十三例註明了感染地點——也就是疑似接觸到蟲卵的地方，譬如說度假地點。而從國外夾帶回這種不速之客的患者，則至少有四十八例。所以相較之下，德國是比較安全的嗎？依照專家的說法，通報案例只能反映部分真實狀況，根據他們推估，隱而不報的病例可達三分之二。

也就是說若通報案例約一百件，實際案例則應為三百件。[13] 現在大概有人會拿每年的交通意外死亡人數（二〇一五年：三四七五人[14]）或被雷打中的人數（每年約一百[15]）來做回應，

——譯註——

＊ 德文中所稱之狐狸萊納克（Reineke），即一般所稱之「列那狐」（Reynard the Fox），是中世紀日耳曼地區以動物為主人翁的民間故事角色，常被描繪成腦筋機靈、奸詐詭譎且自私自利。這些故事在歐洲許多地區流傳且經過多次的演變改寫，迄今仍廣受人們喜愛，連德國大文豪歌德（Goethe, 1749-1832）都曾寫過《狐狸萊納克》。

然而這還是無法真正讓人放心。不過還有一些事我們必須知道，譬如自己的身體。因為在多包條蟲的「生涯規劃」裡，人類並不是牠要抵達的目標有機體，因此牠在人體內其實適應不良，而這意味我們身體的抵抗力，其實就應付得了大部分的攻擊。在過去的十年裡，這類傳染病攻擊隨著狐狸數量的成長也日益增多，然而依據官方統計，目前這種趨勢似乎停滯了。或許原因就在於狐狸當前的數量，同樣也到達了一種穩定的狀態。

不過也許我們是過分把焦點放在狐狸身上了，其實牠的遠房親戚——我們家裡的狗，說不定對人類來說還更危險。狗之中不乏真正的鼠輩愛好者，牠們可以撲向草地上的每個坑洞，然後成功揪出裡面的房客。當然，透過這種捕獵牠們同樣會被感染，而且就像狐狸一樣，這對這些四腳小毛獸也沒什麼大不了，畢竟多包條蟲並不想殺掉自己的「最終宿主」，而是要無止境地利用牠。然而就像牠住在野外的親戚一樣，狗也會排出帶蟲卵的糞便，也會舔淨自己然後再去舔全身的毛；於是那些細如微塵的危險蟲卵，會四處散布在你的家中，或透過撫摸留在你的手上及指甲裡，而寄生蟲也就如此地進入了錯誤宿主——也就是你——的身體。

養貓的人要承受的風險則又更高，因為當這些居家的小老虎在外遊蕩時，本來就是鼠類捕食界的職業選手。不幸的是貓的腸道也稱得上是多包條蟲的樂園，而這一下子就讓好幾百萬個家庭都曝露於危險之中。因此寵物應至少每兩個月就施打藥劑除蟲的官方建議，你千萬不可忽視。

如果斟酌一切，把境外感染與養寵物這些因素，也一併放在天平上衡量，就會發現除了像獵人（他們射殺並處理狐狸的身體以便帶回）這種高風險群組外，不管是健行者或採野莓、漿果及野菇的人，真正面對的危險其實很有限。至少我自己就不會錯過偶爾摘點新鮮（而且儘量遠離地面的）野莓來享用的機會；對於生性謹慎的人來說，或許不久之後，整體的情勢甚至會更好。因為有愈來愈多地區考慮對狐狸進行驅蟲行動，他們打算以飛機空投誘餌——就像狂犬病疫苗一樣，誘餌中則夾帶了除蟲的藥劑。根據慕尼黑工業大學的報告，這種作法在史坦堡縣（Kreis Starnberg）裡，確實為人們降低了百分之九十九的風險。[16]

然而對於這種作法，我是心存懷疑的。如果多包條蟲真的被根除了，又有哪一種疾病會來替補牠留下的位置呢？再者，人類在對抗寄生蟲的這場戰爭中是否能常勝不敗，更令人存疑。我們在林務站的宿舍旁養了馬和山羊，牠們同樣必須定期接受除蟲，而由此我也知道了，一隻身上完完全全不帶寄生蟲的動物，是不存在的，藥物只能降低牠們染病的壓力及可能性。總有一些蟲，能從治療中倖存，而其結果是——如同我們在每個以化學藥劑對付害蟲的案例中可見——牠們產生了抗藥性。於是我們必須經常變換藥劑，但還是無法抑制這些寄生蟲之類的生物，對藥物發展出適應能力。

也就是說，一場全面對抗多包條蟲的戰爭，必須以持續不懈且不斷變換藥劑的方式來進行，只換得每十或二十年就因為抗藥性，而再度回到戰爭原點。無時無刻且四處干預野生動物的生活，真的有意義嗎？尤其若是有簡單一點的方法，來做到防範於未然。而且每個（像我這樣）不想放棄把野草莓摘來就吃的人，可以定期抽血，以檢查體內是否含有多包條蟲的抗體——就像針對萊姆病一樣。

更理想的狀況，說不定是留下狂犬病的一條性命。這聽起來或許有些瘋狂，但實際上風險到底有多高？反正今天寵物都注射了疫苗，我們個人周遭的環境，因此也不再存在威脅；而狂犬病會自然調節狐狸的數量，如此一來牠們跟人類接觸的機會，就會變得少之又少。況且我們若是真的與一隻走近身來的狐狸狹路相逢，情況還是會比遇上多包條蟲的蟲卵樂觀，特別是：如果被咬了，至少自己不會不知道，接下來只要去醫生那裡打一針疫苗，就可以高枕無憂了。

小紅帽向你說哈囉

有狼的地方，森林就會生長。

狼又再度在中歐現身了，而對此我想說的是：「謝天謝地！」有句俄羅斯俗諺是這麼說的：有狼的地方，森林就會生長。狼這種動物當然不會種樹，但牠可以防止有太多樹成為草食動物的嘴下亡魂。

幼苗的嫩芽，在冬天時全都進了飢腸轆轆的野鹿肚子裡，牠們的數量更因為獵人的餵養而急劇增加。除此之外，成群的野豬大隊在森林地面上大肆掠奪，四處嗅探並幾乎掃光了所有的山毛櫸堅果與橡果，因此樹木在春天時，自然也萌發不出什麼後代。整體來說，闊葉樹所受到的打擊特別嚴重，而在我們所處的緯度帶裡，原本又幾乎只有闊葉林。在所有植被都被吃光抹淨的地方，絕望的林地主人會種上雲杉和松樹，它們就像牧草地上的蕁麻和薊科植物一樣，對野生動物幾乎不具絲毫吸引力。

它們的針葉尖銳刺嘴，而且如前所述，其所含的樹脂與精油既黏稠又苦澀，野鹿很快就胃口全失。結果是在我們當前的森林裡，這種林相單調的人工栽培林就占了一大部分。不過現在狼又回來了，有牠「相助」，一切都會重新洗牌。只要狼好，一切也會跟著變好？事情也不全然這麼簡單。這種動物吃葷，而且最中意的肉，就在野豬、狍鹿與紅鹿身上；因此有一點再清楚不過，凡是有這種灰毛獵人出沒的地方，牠們的數量都會減少。

不過大自然的運作法則，可沒這麼容易。想要了解獵食者與獵物的數量，是如何彼此影響牽制，我們可以先把目光投向自家的花園，這裡存在著一種典型的競爭態勢：當我們想要收成那裡青翠的蔬菜或培育出盛開的玫瑰花叢，但生活在那裡的昆蟲、老鼠和蝸牛，正好就對這些我們悉心養大且肥沃的植物垂涎不已。假若此時我們不考慮動用化學武器，那「有益動物」的角色就會立刻出現了。

不管是瓢蟲或白頰山雀，是刺蝟還是鵟鷹，牠們可全都等著要助我們一臂之力呢。真的嗎？我們真的能夠就這樣以增加天敵的數量，來消滅那些討人厭的小害蟲嗎？僅從科學上來看，有益動物的神話是陳舊過時的，因為只有在「有害動物」為數眾多的同時，牠們自身才能繼續生存繁衍。然而這對我們的花園來說，應該早就為時已晚，因為當有益動物的後代終於得以加入戰場時，賽季已宣告結束。所以情況會不會應該是恰好相反呢？是獵物在調節獵食者的數量，而不是反過來，我在就讀森林系時就是這麼學的。然而這聽起來雖頗合理，卻同樣與事實不符。自然界比我們想像的還要複雜一些，在這種相互制衡的作用中，其實雙方個別的數量，都能觀察到複雜的波動變化。

對此我們可以先來看看羅亞爾島（Isle Royale）的例子。這個小島位在美國密西根州的蘇必略湖裡，大自然在這裡展開了一場絕無僅有的實驗，而從一九五八年起，就有研究者在這裡參與觀察。一開始是有麋鹿越過結冰的湖面來到島上，並在此大量繁殖，牠們穿梭在灌木矮樹林中，啃食破壞了一大部分的幼樹；然而後來在某個嚴寒的冬天裡，一群狼也跟著來到島上，並開始大肆收拾這些體型龐大的鹿。對於那些研究者而言，這個島嶼的隔絕性是老天爺送的大禮：這兩支動物族群幾乎就像被圍困在島上，使人可以在一個相對較小的空間裡（好吧，這個島還是有五百多平方公里那麼大），研究雙方如何交互作用。

以下為此研究的假設：只要狼的數量增加，麋鹿的數量就會減少，因為有更多的麋鹿淪為獵物。不過接下來狼的數量又會降低，因為牠的潛在獵物變少；在成功捕獲那少數麋鹿之一前，牠也必須花更長的時間來進行搜索及追獵，而這讓狼餓死的機率變高，此時麋鹿的數量又會再次攀升。然而我們也可以完全從另一種觀點，來看待這個現象：假若麋鹿的食物來源充足，牠們便能充分繁殖，狼也就有更多潛在的獵物可捉；再加上淪入狼口的麋鹿愈多，牠們的繁殖率也就會跟著升高。相反地，狼群規模擴大則意味更多壓力，因為牠們現在彼此之間，必須更激烈地捍衛自己的領域。因此麋鹿數量的波動，是更取決於生存空間而不是狼群，除非牠所面對的是艱困的一年——當冬天特別嚴寒，食物也跟著短缺，許多麋鹿便會餓死；而如果此時倖存者又遭狼群猛烈追捕，麋鹿的數量會繼續下跌，牠的規模變化曲線，也會因此急劇向下波動。[17]

你現在是不是滿頭霧水了？我倒很樂意相信你是，而且這也是我提出這個例子的目的；因為只有這樣，才能說明自然界裡各種錯綜交織的關係，經常不像我們在課堂上所學的那麼單一明確。所以那句有關狼與森林的俄羅斯俗諺，又怎能當真？

答案取決於我們看事情的角度。如果我們對那些草食性動物的數量波動少點關注，而對牠們在行為上的改變多點觀察，事情的緣由就呼之欲出了。對此就讓我們到美國的黃石公園來神遊一下，那裡也有多不勝數的食草動物（特別是加拿大馬鹿〔Wapiti–Hirsche〕，俗稱麋鹿），牠們使林地面積大減，讓整個地表景觀變得光禿荒涼，而公園管理員在冬天餵養這些動物的結果，使牠們在數量上繼續膨脹，更讓問題雪上加霜。不過在一九九五年，當管理員協同科學家開始把狼野放到國家公園裡後，情況則有了大逆轉；時至隔年共有三十一隻狼，被重新安置在這裡，牠們從此很勤快地繁殖，但更勤奮於吃掉紅鹿和麋鹿。於是麋鹿的數量，就這樣由一九九五年的一萬六千七百九十一隻，持續減少為二〇〇四年的八千三百三十五隻，趨向了較低的規模水準；同一時間，狼的數目則增加至三百隻左右。[18]

不過比草食性動物數量減少更重要的，是牠們在行為上的轉變。過去紅鹿和麋鹿都喜歡在岸邊吃草，這使保護水體周邊免受侵蝕的植被層，幾乎遭破壞殆盡，河流不斷侵蝕兩岸，並帶走珍貴的土壤；這些懸浮在水中的混濁物質，則對魚類及其它水中生物有害；而園區裡的某些地方，情況甚至糟到像座鹿的動物園。然而隨著狼的重返，鹿群開始迴避到河岸區域吃草，因為在那裡牠們特別容易淪入狼口。於是很快的灌木與樹木便重返河岸，它們環繞著水體欣欣向榮地成長。現在河狸也可以重新定居在這裡，之前這裡沒有樹幹可做為建材築壩，也沒有牠愛吃的細嫩枝條。溪流又開始蜿蜒地流經谷地，彎曲的河道使水流速度減慢，侵蝕率自然也跟著降低。所有這一切，就是大型掠食動物存在的作用；而我們所能想像的會發生在我們這裡的效應，可能也正是如此。

不過現在讓我們來揭開小紅帽的傷疤：森林會變得危險嗎？我們得到街上去接孩子，因為連巴士站都變得不再安全了嗎？一位名叫格爾德・史坦伯格（Gerd Steinberg）的「反狼聯盟」成員向《北方傳訊報》（*Nordkurier*）爆料，在薩克森邦鄉下的巴士站，有人看到一頭狼出現在兩個小孩身旁——據他所述，幸好這兩個小孩及時搭上了巴士，否則後果難以想像……。[19] 這裡我們又回到了《小紅帽》這則童話，格林兄弟用他們的故事，捕捉了人類遠古的恐懼與鄉野傳說，而有些現代童話故事的說書人，則也在依樣畫葫蘆。所以那些「我認識的某某某所認識的某某人真的親身體驗過」的故事被誇大成事實，臆測想像被說得天花亂墜，真不知道這年頭還有什麼事可以相信。

為了在充斥著各種論點的迷霧叢林中引進一點光，我們姑且先來檢視一下這場論戰中的各方陣營。譬如首先就會是獵人，狼的重返使他們失去了最重要的論點之一，而那一直都是：因為這裡不再有大型猛獸，所以獵人必須取代牠們，接收這項任務——如果不抑制為數泛濫的草食性動物，田野與森林很快就會被吃光。不過他們現在除了失去一個自我合理化的論點之外，心中還浮現了一股怒氣。試想如果有個毛乎乎的競爭者，吃掉了我多年來悉心照顧的公鹿漢斯，牠氣宇軒昂的美麗鹿角，還被隨意丟棄在某個灌木叢中爛掉，這可怎麼辦？只因為森林裡單純就是一山不容二虎，那些原本只要坐在獵台上守株待兔，就會有野鹿或野豬出現在視線裡的週末，以後又會怎麼樣？要規劃「自己的」獵物數量將不再可能。

因此狩獵圈將狼視作對手，並尋求以法律途徑來對抗牠的重返。最快速有效的手段，也就是射殺，自然是違法的，雖然類似案例還是時有所聞，但都有正式定罪。相對地，以混淆公眾視聽為手段則是合法的，而且這一開始都進行得比較低調微妙。譬如說，有些人就認定狼是被特意重新引進的，然而這與事實相悖，牠是自然地重返，而這是法律所容許的。這兩者間的差異聽起來或許不大，但在意義上卻大不相同；因為一種是對大自然的非法干擾，另一種則是履行了國內及國際社會上對移動至此的稀有動物的保護權。

不過那些獵人其實根本毋需如此杞人憂天，因為在北美狼群的例子中我們已經看到，打從一開始就完全不用擔心狍鹿和紅鹿會因此滅絕。好吧，或許一、兩個傍晚會見不到獵物的蹤影，然而空空如也的森林根本不可能存在，因為這樣一來連狼自己都要餓死。不過事情總有例外：像歐洲盤羊（Muffelschaf）這種人為引進的動物，在有狼活動的領域內可能就會凶多吉少。這種羊有對令人難以忽視的頭角，威風凜凜地向左右兩側盤旋，它們是讓人趨之若鶩的狩獵獎盃。不過這整件事有個美麗的錯誤，牠其實不過是種數千年前，就被引進地中海區的一種家畜；之後獵人們基於牠美麗的頭角，又將牠帶進德語地區中繁殖，以擴大狩獵戰利品的選擇。

然而這種山上的動物，在我們這裡卻遭遇到嚴峻的挑戰。牠的蹄本來就很容易在岩石上磨損，還好它重新生長出來的速度也相對很快，但這個機制在鬆軟的森林地面上完全失靈了——於是牠的「指甲」會愈來愈長，變得彎曲，然後在牠的腳下開始潰爛，許多歐洲盤羊後來因此都只能一瘸一拐地，跛行在牠的生活空間裡。而現在狼出現了，為了省力，牠找的自然是最容易下手的獵物，歐洲盤羊也很快就會被牠盯上。只要是這兩種動物狹路相逢之處，歐洲盤羊就註定要從獵區裡消失。我們或許也可以這麼說：狼重新建立起了自然的關係法則。而不用說也知道，這種現象獵人並不樂見。然而歐洲盤羊的例子，難道不會被人矛頭一轉，把人為安置的論點再轉嫁到狼身上嗎？只可惜他們無法證明這點，因為這灰毛獵人完全是自己回來的。

不過要放棄這麼棒的論點確實可惜，於是有人便用盡心機地捕風捉影。二〇一四年德國的《獵人雜誌》（*JÄGER Magazin*）就這樣報導，聯邦警察在德國與波蘭邊境攔住了一部廂型車，並發現了應該是要非法引進德國野放的狼與山貓。聯邦警察的新聞單位意識到必須發布官方通報，以澄清事情真相的必要性，而據此通報，他們確實搜查了一部車輛，也的確在裡面發現了「荒野之狼」，然而那跟動物扯不上半點關係，那是一部同廠牌名的腳踏車，且應該是屬於要輸出——而不是輸入——的贓物。

第二類反對狼的人是養羊的人。他們擔心自己的牲口之於狼這種猛獸，會像是桌上擺盤展示的美食，一般只有八十公分高的圍籬，根本擋不住這灰毛獵人來接受吃到飽大餐的邀請——更何況許多地方連圍籬都沒有；對於遊牧的牧羊人來說，這點我們或許還能夠理解，因為這或多或少牽涉到傳統放牧方式的簡便性。完全無人看管的羊群，在遼闊的大地上自由移動吃草，直到秋天時，牧人才把牠們再度趕回家裡的羊圈——這種放牧方式，我們曾在挪威見識過好幾次。一隻狼在填飽肚子這件事上，除非必要，當然想儘量輕鬆省力；而比起狍鹿及野豬，羊在森林裡行動起來會更慢。也難怪，為了在放牧季節過後還能盡可能地讓所有的牲口都全身而退，挪威人只容許一小撮狼，活動在與瑞典交界的邊境地區。

除此之外，架起柵欄或圍籬的圈牧方式，在歐洲地區還是最為普遍。其實大部分會養綿羊或山羊的人，都帶點玩票性質，他們擁有的羊群都很小。就像我家養的三隻山羊，並非真的是我們收入的一部分，而是生活的一點享受。要保護牠們免於被狼攻擊非常簡單：我們購置了較高的通電圍籬。根據報告指示，它應該至少要有九十公分高，為了安全起見，我們選了一百二十公分高的尺寸。這是一道連狐狸都鑽不過網狀圍籬，只是有一點很重要，圍籬下的草地必須經常確實地推剪，因為一旦雜草長進內部包覆著鐵絲的網裡，它會把電導入地面，讓這道防堵之牆失去作用。

這座通電的草地圍籬，能以秒為週期透過鐵絲傳送電脈衝，一旦碰觸到就會有電流竄過身體。而我可以掛保證，這真的很痛——我經常在調整圍籬時忘了先把電源關掉，而這種痛劇烈到會讓我之後的整個星期，都變得格外小心翼翼。也正是這個效果，把山羊圈在了圍籬內，也把潛在的敵人狼隔離在外。另外，圍籬上方最好再拉上清晰可見的警示條，這可以額外阻斷躍籬而過的可能性。

不過養羊的人現在可能會議論說這太貴了，對於那些擁有龐大羊群的職業養羊戶，這點我也可以理解；然而我們的政府已對此做出了回應，並提供補助辦法，這項補助不僅適用於修建圍籬，甚至也包括特殊犬種的購入。這些體型較大的犬種就生活在羊群之中，也很可能相信自己就是一隻羊，牠們日日夜夜與「自己的」族類待在一起，守護著牠們以避開攻擊者。其實這通常也就足夠了，牠們充分展現了把狼打得落荒而逃的能力，偶爾還會驅趕帶著動物太接近羊群的健行者。與那些整天活潑好動地追著羊群、聽從主人哨聲把羊群趕到指定地點的牧羊犬相反，「護」羊犬經常只待在那些在草地上嚼草的棉花團旁打瞌睡，而且很少引人注意。只要有牠守護著羊群的地方，人與狼之間就能和平共處。

至此我們的話題總圍繞著狼，卻尚未好好地介紹牠一番。然而為了解牠是如何適應並融入我們所共有的生活空間，這點還是頗為重要。首先，狼是一種掠食性動物，這意味牠以獵殺其它動物為生；在我們的緯度帶裡，牠的獵物清單上有狍鹿、紅鹿與野豬，而這代表牠對人類毫無興趣。然而不接近大型哺乳類動物，並不代表牠就不會對小至像老鼠這樣的小動物下手——就算是小點心，也能暫時止饑。

因此一般來說狼並不危險，反而還對我們有所顧忌，牠既不想吃掉我們，也不喜歡被我們照顧，純粹想避開我們。不過牠並不排斥出現在我們周遭所謂的「文化景觀」中，反正中歐地區幾乎也無法提供其它環境了，真正的大自然在這裡事實上所剩無幾。原始森林已被砍伐殆盡，在絕大部分的地表景觀中取而代之的，是由青草與農田植物共同組成的一種人工草原。街道與公路網絡把地表切割成細小零碎的區塊，僅僅在德國境內，就有長達大約六十五萬公里的柏油路面公路，[21] 另外還要再加上森林裡長達一百四十萬公里運輸木材的固定道路。這樣的環境，聽起來跟寧靜與隱密絲毫沾不上邊吧！

不過似乎只要有一個可藏匿的空間來養大幼仔，這一切對狼就都無所謂。而還有哪裡會比軍事教練場更適合呢？說到安靜，這裡在某些時段肯定不可能，但它至少排除了採菇人和慢跑的人的干擾，否則這附近像狍鹿、紅鹿和野豬這些潛在獵物，為數應該充足可觀——如前所述，反正這本來就不是問題。比起我們那些因為圈養及育種馴化而比較容易到手的綿羊或山羊，上述的野味牠顯然愛吃得多。在位於德東且在與狼共處的經驗上最為老道的勞特立茲（Lautsitz）這個地方，科學家透過了大量糞便樣本的分析，找出到底是那些動物進了狼的五臟廟。結果狍鹿以超過百分比五十的比例名列犧牲品第一，其次則是野豬與紅鹿。家禽家畜與老鼠被歸在同一欄下，因為它們所占的比例是如此微不足道：少於百分之一。22

狼雖然可被視為是一種「文化追隨者」，也就是在人類改造過的環境中適應良好，卻很少會攻擊我們的家禽家畜；而那些經常被獵人認為是附屬在他所租用的獵區裡的野生動物，在法律上其實是無主的，牠們除了是自己的主宰，並不屬於任何人。所以真正因為狼而蒙受損失的人，只有那些飼養家禽家畜者中的少數，而原因是他們沒有察覺到自己可獲得協助，否則人與狼之間可說相安無事，幾乎沒有人會為了對付這個「返鄉者」，而築起防線。

不過當人們對某種狀況無計可施時，它就會突然變成一個「問題」；把這標籤冠在某一隻動物身上，就能讓牠成為當局關注的焦點。那隻被稱作布魯諾的棕熊，就首當其衝地遭遇到這樣的命運。牠在二〇〇六年時一路流浪到巴伐利亞地區，一開始民眾還對牠表示友善歡迎，然而對於一隻體型如此龐大的雜食性動物的「來訪」，人們是措手不及的。就像狼出沒在未能做出因應措施的牧羊地區一樣，這隻棕毛老大現身在缺乏安全防護的養蜂站及一些毫無戒心的綿羊面前，牠不客氣地開動了，因此也變成了一隻問題熊。人們很快就找到了解決方案，而那就是格殺勿論；布魯諾至今還待在巴伐利亞，只不過變成了慕尼黑人類與自然博物館（Museum Mensch und Nature）裡的一個填充標本。這不也可能是狼所要面對的「解決方案」嗎？這種近距離正面交鋒的「危險案例」，不是也已經夠多了嗎？

順帶一提，德國境內確實發生了不少這種危險的「狼」攻擊事件——或許應該說「近似狼」，這說的其實也就是狗，牠與自己生活在野外的親戚，主要是透過以下這點而有所區別：牠們溫馴聽話，所以對觸摸毫不畏懼，若是主人不在便深感不安。然而根據《德意志醫師雜誌》（*Deutsches Ärzteblatt*）統計，在每年三到五萬件有關人被咬傷的登錄案例中，約有百分之六十到八十與狗有關。[23] 想像一下，如果每年發生十起（只要十起！）狼咬人的事件，恐怕不僅在事發地點會有大規模抗議，這隻問題狼大概性命不保，也要立即面臨被射殺的命運了。可是這十起狼咬人事件根本不存在，而相對地，也沒有人想針對狗咬人事件採取什麼措施。這不是雙重標準嗎？老實說，比起在森林裡遇見一隻主人不在身邊的牧羊犬，我還更寧願撞見一頭活生生的狼——因為前者在不安時更可能開口咬人。

不過如果哪天你真的如此幸運地，與一隻狼打上照面，你肯定會脈搏加速心跳不已。針對這種狀況，不妨聽聽以下的建議：你可以虛張聲勢，用力拍手且大聲喊叫，直視牠的眼睛也很有效，如此一來牠就會把注意力放在你身上。然而你若覺得不安心，也可以慢慢起身撤退。這裡特別強調的是「慢慢」，因為突然跑開的動作，會刺激掠食動物產生反射動作；也請不要拿石頭或棍子丟牠，這最容易勾起牠的好奇心。如果要確保安全無虞才上路，你也可以帶著胡椒噴霧器同行，此外更多防備真的也不必要了。狼只是好奇，並不好攻擊，其實在大多數的例子裡，情況會更像這樣——在牠再度消失前，你頂多只能從遠處跟牠打個照面。

以上的建議我是得自一位專門研究狼的學者及作家朋友艾莉・拉丁恩（Elli Radinger），她與狼專家鈞特・布洛赫（Günther Bloch）合作，把這些建議總結在一本叫《狼回來了》的書裡（*Der Wolf ist zurück, 2015*），而我們當然只該聽正港專家的話。可惜總有愈來愈多自稱或經官方認可為「狼顧問」的人，根本從未真正在野地觀察過狼，對牠的行為也理解得很有限。於是有關狼據說是如何反常地逗留在村鎮附近，而且一點都不怕人的消息，很快就流傳開了；不過只要牠自覺不受打擾，狼對於我們是如何揣測解讀牠的行徑，自然也不感興趣。

據艾莉・拉丁恩所說，西班牙萊昂（León）附近一處已收割的麥田裡，一隻母狼會帶著牠的十一隻幼仔四處蹓躂，而在隔壁田地裡，農人正開著曳引機轟隆隆地工作著。而在羅馬尼亞的布拉索夫（Braşov）這個城市裡，人們則經常會遇見一隻名喚「提米希」的母狼，由於載著裝有發射器的項圈，牠總被當成狗。同樣地，這裡什麼事也沒發生過；由此看來，冷靜放鬆地與狼共處，是可以學習的。[24]

不過狼基本上並不危險的這件事，並不代表我們該反過來透過美化的濾鏡來看待牠。除了少數的例外，私下養狼是禁止的——包括狗與狼的雜交種，而這絕非毫無來由。因為本性難移，而狼就是狼——與生俱來的野性，使牠不適合做為與人類依偎相親的伙伴。此外同樣禁止的，還有餵食狼的行為，愛之足以害之，這是對動物過度泛濫的愛，所唯一引發的真正危險。因為這會讓狼逐漸克服天生對人的排斥感，逾越自己與人之間的最短距離，這原本是遏止牠過分接近人類的一種稟性。

狼的反對者當然立刻善用了這個論點。他們發現幼狼在遇到人時，不知道要保持適當距離，在極罕見的狀況下，牠們還會好奇地走近人，直到只有幾公尺遠時再掉頭離去。不幸的是，被這些「驚險故事」喚醒的恐懼感，事後會盤據在人們的腦海中揮之不去，就像鯊魚——在《大白鯊》（*Jaws*）這部電影之後，有無數動物影片的製作者努力想扭轉牠那海底大怪獸的形象，無奈至今枉然。

狼並不是唯一打算重新奪回森林的大型掠奪性動物，前面提過的棕熊布魯諾，只是牠同類中的第一個代表。熊在這裡缺席了好幾十年之後，終於想再度以此為家。然而與這樣的雜食性動物共處共生是否真的妥當，就像在狼的課題中一樣，還是得打上問號。這個全身毛茸茸的大塊頭，同樣對我們的肉並不特別感興趣，不過因為牠也嗜吃植物，牠包羅萬象的取食對象，顯然與人類的重疊更多。不管是果園裡的水果、各式野莓與蕈類、蜂蜜或家禽家畜，牠都來者不拒。

有些個別的熊，甚至是特別鍾情於某種美食的饕客，一位同事就曾經在聊到他在挪威的實習時告訴我，那裡的山區有些熊特別偏好綿羊的乳房，然而並非為了羊奶，沒錯，吸引牠們的是那質地柔軟的組織。為此牠們會一巴掌把羊掃得暈頭轉向，然後直接咬向那失去知覺的牲口的兩腿中央。可以理解那些羊倒臥血泊的畫面使牧羊人怒不可遏，加上前述的那種相當隨意粗放的飼養方式，更可以想像他們為什麼對這種孔武有力的野生動物容忍度很低。羅馬尼亞也出現了無法將棕熊驅離城區的報導，因為熱愛人類的食物，垃圾桶對牠們來說，簡直是得來全不費工夫的美食寶箱。而正是這點使牠不同於狼，後者只對活生生的獵物感興趣，而這只能在人口分布較疏的地方才找得到。

是否能夠讓熊再度以中歐的某些地區為家，主要取決於我們有沒有讓牠遠離聚落的對策。以噪音及橡膠子彈驅離，應該是最無害的方式，不過相對地效果也比較差；以獵殺來對付狼完全太過多餘，對熊卻被證實可能是一種必要之惡。瑞典是羅馬尼亞之外棕熊數量最多的歐盟國家，這麼做在那裡顯然很有效，因為熊的目擊案例極端罕見。相較於整個挪威大約只有三十隻熊在森林裡四處遊蕩，它的鄰居瑞典，卻容得下兩千到三千隻。

我還記得我在深入有熊出沒的地區進行長途野外旅行時，是多麼興奮於發現了牠的腳印與一大坨糞便。而這正是重點，在許多人都只看到危險的同時，也看到其中浮現的「機會」，不是更具意義嗎？大自然又重新趣味盎然了起來，如同在狼的案例中顯示，它所提高的不只是健行的吸引力，而是我們如今不僅能在美國黃石公園這樣的地方參加野狼之旅，在德國境內也行。掠食性猛獸有助於觀光產業——這是我很希望看到的新聞標題。

在此同時，身型大小可比牧羊犬的山貓，也再度出沒在德國的幾個中海拔山區裡。不過這並非全然沒有外力協助，因為山貓的繁殖力不及狼，非法獵殺對牠的影響因此也較大；牠對狍鹿與紅鹿的好胃口，使牠在某些獵人眼中變成了競爭者。山貓更明顯地會迴避人類活動的區域，此外牠還是個幾乎從不離開森林深處的獨行俠；你或許永遠不會在野外撞見這種美麗的動物，不過想在雪地上發現牠的蹤跡，倒至少還有一絲機會。

一塵不染的圖鑑

帶著酸味且能解渴的針葉樹嫩芽，更能久留在我們的記憶中。

我從來就不喜歡枯燥無味的導覽。不管是在市區、博物館，或是在大自然裡，如果沒有風趣俏皮的眨眼，只用一板一眼的科學風格來呈現事實，轉眼我就覺得無趣了。而且因為學校的課堂，常常也有同樣的毛病，於是我決心要規劃一些不同的森林導覽。

為什麼樹就只能從它的葉形是闊葉或針葉來辨識，而不是從味道？於是我會讓附近小學的孩童們，盡情嚐嚐樹葉的味道。譬如雲杉在春天時萌發的新芽，質地還很柔嫩易嚼，味道則像帶著淡淡松香的溫和的檸檬。你可以用這種淺綠色的新葉來沏一壺茶，然後用另一種方式，再默想一下你所認識的那些樹種。我們林區附近的政府林務機關，每年都會主辦青少年森林趣味活動，而那些小學生總是不乏驚人之舉——當他們在跨越障礙賽中被考到「雲杉」這種樹時，非常勇於嘗試地一口就咬上了雲杉的枝條。照顧攤位的那個林務局主管，只能有點緊張地喊道「這一定是渥雷本先生的班級吧！」

我並不是主張，我們得憑味覺辨認出所有的樹木，因為那當中不乏含有毒性的樹種，這我們之後還會提到。不過當我們藉由圖鑑，找出了雲杉、橡樹或柳樹是怎樣的一種樹時，再透過所有的感官來幫助新知識更深植於腦中，又有何不可——特別是這也十分適合孩童。比起艱澀乏味的拉丁文學名，帶著酸味且能解渴的針葉樹嫩芽，更能久留在我們的記憶中。

對於山毛櫸樹，我也有些類似的話要說。它在五月時的新鮮嫩葉，既柔軟也帶點淡淡的酸味，只不過沒有松香。它很適合拿來做成清新爽口的森林沙拉，不過葉子一定要新鮮，而且沙拉醬必須在享用時才拌入，否則那些鮮嫩的小葉子會立即蔫掉。當我們從大樹底層的枝椏上採集嫩葉，這對樹木完全無害，而且會發現自己並不孤單——許多不同種類的甲蟲、狍鹿及紅鹿，都在做著同樣的事，享用這春天限定的美食。

德國許多本土樹種的嫩芽皆可入菜，不管是楓樹、白樺、橡樹、椴樹，或是松樹、落羽松及果樹，所有的嫩葉皆可食用，且都帶著不同的滋味。你就放手去咀嚼出一本大自然的味道圖鑑吧！不過當我說「許多」本土樹種，就代表其中確實存在著例外。就像紫杉的針葉看起來很容易與冷杉的混淆，與其相反地卻毒性很高。

我們的鼻子，在這裡也不該閒置不用，只要把花旗松的針葉在兩指間揉碎，一股糖漬柑橘皮的味道就會撲鼻而來。橡樹的樹皮與木材，聞起來則帶著強烈的單寧酸味，早期它確實是從橡樹的樹皮提煉而來；它的作用原本是為了抵抗害蟲，例如用橡木做成的花園長椅，就很耐真菌而不會發霉。

一種並非真正本土，較常見於公園或花園，且以某股臭味引人側目的樹就是銀杏。因為有著可對照地球發展史般的長壽，而被視為活化石，不過人們會對它深表敬意，或許也跟它葉子的淬取物，幾乎可用來對抗所有的病痛有關。然而它一旦開了花，就會變得有點令人作嘔：因為銀杏雌株結出的果實，會發出一種聞起來像發酸的奶油，也就是嘔吐物的味道。因此假若你想在花園裡種一棵銀杏來遮蔭，最好選棵公銀杏。

樹木嚐起來與聞起來的味道，對你而言還是太過模糊嗎？對於我們常見的樹種，你想要有更詳實一點的描述嗎？以下的資訊，請慢慢享用。

雲杉——思鄉的樹

雲杉，或者更精準地說是歐洲雲杉（*Picea abies*），如今已成為我們最常見的樹種之一，每四棵樹之中就有超過一棵是雲杉。它天生喜歡寒冷潮濕的環境，偏好典型的泰卡林（Taiga）氣候，也就是我們從斯堪地那維亞北部或阿爾卑斯山區高處認識到的那種氣候。然而目前雲杉卻出現在許多地勢較低的區域，林地的主人與林務員之所以會如此偏好雲杉，尤其與兩件事有關：首先它們總是完美筆直地拔地而起（違反地心引力），而且野鹿並不特別青睞它那帶著扎人針葉的嫩芽。它的木材適合營建及做為造紙原料，所以市場銷路大多良好。不過也有若干理由，足以讓我們反對栽種雲杉——單從生態上來看，就有數千種微小動物對它酸澀的針葉全無胃口、興趣缺缺；也因為在這昏暗的人工雲杉林中，幾乎沒有其它食物來源，牠們的下場無他，只能在當地滅絕。

要辨識它與其它針葉樹的差異，以樹皮（有點粗糙，帶紅棕色）與毬果（通常為十公分或更長，淡棕色）特徵最為適合，這兩者你從地面上就都能觀察到。

在接下來的幾十年內，雲杉將會從中歐地區大部分的森林裡消失。究其原因，是在氣候變遷下，我們的天氣愈來愈乾也愈來愈熱。事實上許多地方目前的氣候，對這個生性喜寒的北方客來說就已經是死路一條，例如我那位在萊茵河畔的老家辛齊希（Sinzig），當地的河谷氣候，幾乎類似地中海地區；相較於我們埃佛區的林務小屋一帶，一年中有許多天，它的氣溫要整整高出攝氏四度。

每年那裡的人工針葉林，總要遭受一種叫雲杉八齒小蠹蟲（Buchdrucker）的小型樹皮甲蟲攻擊。它是一種次生性寄生蟲（Schwächeparasite），專挑自我防衛能力較弱的軟柿子下手。假若天氣過分乾燥，樹木在遭遇甲蟲攻擊時，就無法分泌松脂讓入侵的敵人慘遭滅頂——它們幾乎是口乾舌燥了。對雲杉而言，上述情形在今天中歐的許多地區都已是常態，而我們當前所記錄到的地表，已經因為暖化而升高了一度，這對辛齊希及許多有著類似環境的地方來說，更意味這種針葉樹的末日將近。

松樹——隨風款擺的生存專家

松樹經歷了可媲美雲杉的勝利，它們都透過現代林業經營的手段，被大規模移植到遠超過它的自然分布區以外的地方——同樣也是又濕又冷的北方。根據聯邦森林總清查的資料顯示，松樹占德國森林總面積的比重約百分之二十五弱。

松樹風姿綽約無可挑剔，是種極為美麗的樹。在我們林務站的四周，就環立了幾棵年約一百四十歲的松樹；它長長的針葉，總是成雙成對繞著枝椏漂亮地排列；它的樹皮厚實且帶著深深的裂紋，並逐漸往樹幹上方變得光滑且帶橘色；還有它短短的松果……所有的這些，構成了一幅賞心悅目的畫面。這棟屋舍建於一九三四年，因此在那之前，這些松樹屹立在此已有一段歲月。

相較於種一棵松樹，就能豐富你花園的景緻，成千上萬棵的松樹卻會構成一片綠色的沙漠。就像在布蘭登堡邦那些樹種單一的松樹林下，幾乎什麼東西都長不出來。而中歐闊葉森林一度完全陌生的森林火災，在這裡卻即使是投入大筆的時間與金錢，也只能維持在一種勉強可接受的安全標準。此外松樹的木材，在最受歡迎的木材種類排行上已掉至車尾——另一個我們終究該放棄松樹人工栽培林的原因。

銀冷杉——如果可以化身為一棵闊葉樹

「嘿，那裡有毬果！」森林裡響起這樣的呼喊，但有時候森林裡什麼都有，就是沒有毬果——因為它在樹上就碎裂瓦解了。所以地面少了毬果的蹤跡，就是銀冷杉的第一個線索。第二個線索，是它水平排在枝椏兩側的針葉，葉面下方則帶著兩條白線；它們並不扎人，顏色比呈現黃色小刺狀的雲杉葉稍暗。再加上它銀灰色的樹皮也像雲杉那樣有點粗糙，綜合以上特徵，它的身分應該足以辨識。

銀冷杉是針葉樹裡的闊葉樹，它會與古老的山毛櫸林結伴出現，不過在那裡它的數量並不多。它的根可以往下紮得很深，針葉的味道溫和，可謂地底下那些微小動物的珍饈——由這點看來，銀冷杉確實比較適合歸類為闊葉樹（如果不是因為它的針葉）。目前德國北部尚未出現真正自然繁衍的銀冷杉，因為它是那些在冰期過後，才又重返北方的最後樹種之一。

銀冷杉如此姍姍來遲的原因是什麼呢？那些幫忙把種子空運到北方的鳥兒，或許要對此負點責任。說來算是松鴉近親的星鴉，雖然在儲備冬糧時盡責地埋下了松、杉樹的種子，有時候卻也會把種子埋到離母樹有好幾公里遠的北方，而事後從那些剩下的種子中萌發為小樹的，理論上數量應該也不少——應該……可惜為了讓自己的存糧不那麼快壞掉，星鴉儲存冬糧的地點，多在一些乾爽的小角落——與牠住在闊葉林裡的親戚松鴉正好相反。於是這些過剩的種子在春天來臨時，經常也因為雨水過少而無法萌發出一絲一毫的新生命。所以這裡拖累進度的不是銀冷杉，而是沒把種子藏對地方的星鴉。

銀冷杉的幼苗是野鹿最愛的食物之一，基於這數量驚人的綠色植物終結者，它在許多地方已經蹤跡杳然。

山毛櫸樹——森林之母

「森林之母」這個莊嚴的頭銜並不是我的原創，守林人早就已經這樣叫了好幾個世代。為什麼一個如此溫情摯愛的頭銜，就是要冠在山毛櫸樹上？或許這與它許多令人驚奇的能力有關。年老的母樹蔽蔭著她的後代子孫，使它們在幽暗微光的深處，一百年內長不到一公尺高——一棵樹為了要活到很老，並且不要過早耗損精力，這麼做有其必要。又為了不讓小樹因光線不足而饑餓早夭，親樹會透過根部的結合生長來傳輸含糖溶液，把養分確實地哺育給孩子。

即使是之後長成的大樹，也同樣會以如此相親相愛的方式來共處。透過類似的慷慨贈與，它們會幫助較虛弱的個體，如此一來哪天自己遭逢危難時，也同樣可以獲得支持與援助。這種互助原則的結果，是一個強健有力的共同體；比起單打獨鬥，在群體中它們更具抵抗力。

然而老山毛櫸森林，如今還是面臨了最大的危機。它曾是德國之樹，大約構成了我們古老壯麗的原始森林面積中的百分之八十。這些森林的老樹被砍伐，林地退化成農地及畜牧用地，有一部分之後又被復育成森林。可惜人們隨後種上的，經常是雲杉、松樹，或是其它的針葉樹，因此想在較大面積的土地上重新找回我們典型的生態系統，可能還沒那麼快。我們現有的還算完整的老山毛櫸森林，只占全部森林面積的千分之一強，更令人惋惜的是，它們大多尚未列入保護。

橡樹——可惜只能當老二

德國的橡樹到底是怎麼了？它到處製造新聞：在萊茵、美因河（Main）流域，以及許多其它地方的森林裡，橡樹逐漸枯萎死去的樹冠，讓人不得不側目；在都市地帶，它則相對地是透過橡列隊蛾（Eichenprozessionsspinner）身上的毒毛，來敗壞人們想在戶外逗留的興致。至於在森林裡面對山毛櫸樹時，它更經常得屈居下風，也因此若無人出手相助，它恐怕會在許多地方黯然消失。然而橡樹卻象徵著無可撼動的穩固踏實與堅忍耐力，難道這一切都是神話嗎？

並不全然如此。橡樹在過去對人類的重要性遠大於今天，它的木材堅實，不僅可用來修築房屋，還能建造戰艦。秋天的橡果，則可讓農家飼養的豬仔，在屠宰前用來好好加肥。因此以「Mastjahr」（加肥的年）一詞來形容橡果特別多的豐年的用法，就是源自過去這段時期。

今天呢？橡樹在我們這裡天生就無法成林，而是多半以個體存在。這樣的數量對林業經營者來說經常太少，於是他們也栽種了面積廣大的純橡樹林；然而如此一來，又引發了與其它人工栽培林相同的問題。

幾種特有的蝴蝶幼蟲，有時候可以把整座森林吃禿，尤其是那令人聞之色變的橡列隊蛾，特別容易在這裡繁殖傳播。牠需要透光性佳的橡樹樹冠，而這在森林裡到處都有——因為經由不斷的伐木疏林，橡樹林裡到處都有陽光可以直接入射的空隙缺口，而這正是這種擾人的小蟲子最喜愛的環境。

白樺樹——持鞭的女皇

有著局部黑色斑紋的白樹皮：這是你絕不會錯認的白樺樹。嚴格來說，在森林散步時，可能會遇上毛樺（Moorbirke）與垂枝樺（Sandbirke）這兩種樺樹，然而前者極為罕見，因此我們要把焦點放在它更常見的同類身上。

一如它的名字所宣告的，垂枝樺的枝條又長又細，而且有點無精打采地往下垂。人們經常把它與哀傷這種情緒相連結，因為它反映出一種生命缺乏活力的姿態（從這個觀點來看垂柳又更誇張一些）。不過假若我們只是基於這樣的比喻來看待垂枝樺，就完全太低估它了。它的枝條就算說是鞭子也不為過，因此稱它為「皮鞭樺」或許還更貼切一點。就像個女皇般，隨便一陣風都可以讓它揚起枝條前後來回擺盪，如果森林裡有棵這樣的樹，它的左右鄰居就得隨時準備挨打。而這是故意的！

我家的花園裡聳立著一棵高大的花旗松，那是一種源自北美的針葉樹，由我的前輩種下。

它在大約三十公尺高的樹幹上頂著龐大的樹冠，上頭覆滿了柔軟的藍綠色針葉。這棵花旗松旁就長了一棵垂枝樺，在經驗八十幾年的歲月後它氣數將近，再也跟不上其它樹木的步伐。樺樹是種贏在起跑點的樹，它在青少年時期會以驚人的速度生長，並因此耗盡自己所有的力量。三十歲之後的它已開始走下坡，因此其它樹種經常會迎頭趕上並超越它的高度；這對樹木總是危險的，它會從此被困在隔壁鄰居的陰影中。陰影意味光合作用變少，而這又等於是一種長年多病的饑餓療法，以及幾十年後生命之火終究得熄滅的命運。

於是我們林務站花園裡的那棵花旗松，後來終於趕上了它一旁的垂枝樺，而這是垂枝樺不大能夠容忍的。它的長枝條看起來雖然是慵懶地垂掛著，然而一陣風就能揭發它的本性。這些枝條會來回擺盪，並藉此抽打在花旗松的枝椏上；推測這是一種針對性的攻擊，會不會有點想太多了？要回答這個問題，只消仔細觀察一下花旗松枝椏上的樹皮。

那上面原本長有作用像砂紙的軟木小突起，不過滴水穿石，垂枝樺不斷來回揮動的鞭子，終究磨平了它的樹皮，並順道打掉了上面的針葉。這種經年累月的攻擊，足以對它的樹冠造成真正的傷害，垂枝樺的樹形剪影顯示出了這點；大衛堅定地對抗著巨人哥利亞，至少長達好幾十年。然後樺樹終究會氣數盡散，死於年老力衰；而花旗松則會帶著尊嚴，優雅緩慢地老去。

落葉松——沒有未來的樹

這又是個厄耗嗎？以後再也不會有落葉松了嗎？或許還不會這麼糟，不過該來總會來，問題只在於時間。在自然界裡，德國的本土落葉松就像雲杉那樣少見，因為它的原生地，同樣也在緯度較高的北方或高山上接近森林線之處。

落葉松是一種奇怪的樹，相較於其它針葉樹在冬天時都還是一身勁綠，它卻與闊葉樹結伴在秋天一起染上耀眼金黃，然後甩掉全部的樹葉。一些對於樹木不太熟悉的人，因此總會在冬天散步經過時，以為這是一棵香消玉殞的雲杉。為什麼就只有落葉松會這麼做？可惜我也無從得知。不過這個特徵，倒是大大提升了它的辨識度。

我還在讀科技大學時，教授就曾經提過「落葉松，在高山」（Lärche auf die Bärche）這個口訣，意思就是這種樹喜歡氣候濕冷的高地。然而就像其它的針葉樹種一樣，為了獲取更高的利潤，林業經營者把落葉松無情地移到低地來種植；也因為歐洲落葉松——這是它的正確學名——的經濟效益還是太小，他們於是又引進了日本落葉松，它的生長速度較快，人們因而也比較熱中栽種。然而糟糕的是，它與歐洲本土落葉松很容易進行雜交，而這自然會形成混種後代；如果純種的歐洲落葉松因此一直愈來愈少，且可能在未來的某個時候完全滅絕，這當然有點不妙。

所以要辨識出眼前這棵落葉松的真正身分，會愈來愈困難。德國的本土種有著顏色偏黃的枝條及果鱗緊貼的毬果；外來種的枝條則是相對偏紅，果鱗向上外翻——這使它由上往下看時，就像朵玫瑰花。不過現在這兩者的雜交種愈來愈多，可以想見的是在不久的將來，一切將化為平淡無趣的單調一致。

與落葉松同樣命運多舛的，還有野生的蘋果樹與梨樹，它們被人工培育種的基因混入稀釋，最後甚至被排擠並取代——蜜蜂在尋找蜜源時，本來就會一視同仁地在所有的蘋果樹上授粉，因此也等於助長了雜交。純種的野蘋果樹與野梨樹究竟還存不存在，在學術上還是爭論不休。

歐洲白蠟樹——全球化的受害者

身為北歐神話中的世界之樹「尤克特拉希爾」（Yggdrasil），歐洲白蠟樹對於我們遠古的祖先來說，就已經極其重要。傳說中，它把自己的樹冠無限延展，覆蓋了整個天空。

歐洲白蠟樹很容易辨識，是我們這裡唯一有著黑色多稜角葉芽的本土樹種；而它長度可達四十公分的羽狀複葉，頂多也只會讓人把它錯認為花楸樹（花楸樹因此又被稱為「擬白蠟樹」，然而其花苞全然不同，高度也較矮）。

歐洲白蠟樹正面臨著生死存亡的關頭，而凶手是一種名字聽起來完全無害的微小真菌——擬白膜盤菌（Falsche Weiße Stängelbecherchen），它會侵襲白蠟樹的枝條，並讓其枯死；樹皮會變成米白色，也無法再透過光合作用來製造足夠的養分，慢慢地，這棵樹在多年後便會壽終正寢。

這種真菌究竟是德國本土的變種或是移入的外來種，學界至今還未能完全確定。然而它很可能源自亞洲，或許是日本，然後跟隨著貨櫃裡的進口商品，成功抵達我們這裡。在這裡它好整以暇，不斷地繁衍擴張，直到遍及歐洲大陸的各個角落，並奪走當地白蠟樹的性命——死亡率最多可高達百分之九十。

不過歐洲白蠟樹要以樹種存續下來的希望仍未幻滅：那些倖存的健康的樹，對這種真菌似乎從此就有了抵抗力。科學家對此也表示樂觀，他們認為這些健康的樹還能繼續繁衍，因此強健的白蠟樹森林也終會再現。

順道一提，在所有的樹木之中，歐洲白蠟樹並不是全球化浪潮下的唯一受害者。榆樹也曾多次遭遇同樣的厄運，一種極為凶惡的子囊菌門真菌（Schlauchpilz），在二十世紀初期也隨著進口貨物從亞洲遠道而來；這種真菌後來在無意間被樹皮甲蟲四處傳播——牠在嘗試鑽進樹皮時，會把真菌的孢子，不斷地從這棵樹帶到另一棵樹上。這種真菌的菌絲網絡，之後會堵塞樹幹輸送樹液的組織，而這對樹木來說，無疑是致命的一擊。

這場瘟疫從歐洲跳躍式地傳進了北美，然後又以一種更凶惡的變種形式重新傳回歐洲。其後果是：今天榆樹只可見於相當僻遠的角落，而且多半只剩零星的個體，還未受到那些隨身夾帶著真菌包的甲蟲染指。可惜與歐洲白蠟樹相反的是，它在受害地區的存活率幾乎是零。

這真的是愛嗎？

人類天生就不喜歡住在森林裡。

想像一下這樣的畫面吧——你在光線幽暗的森林裡健行了好幾個小時，然後漸漸地，也該是來午休小憩一番的時候。突然間，你眼前出現了一方覆滿青草的空地，溫暖的陽光正和煦地閃耀著。這不正是一個特別美好的歇腳處嗎？而且這一塊林間隙地之所以吸引我們的決定性因素，是這裡沒有樹。所以事實上我們喜歡的根本不是森林，而是個別的莊嚴雄偉的樹嗎？這個問題聽起來有點異端，但對於我們如何與自然共處卻非常關鍵。

從人類的發展史來看，我們遠古的祖先源自草原。他們身體的構造機能，在乾燥炎熱的氣候裡運作完美——直立行走的效果，是太陽只能曬熱身體的一小部分；而毛髮很少的身體，則可以透過汗腺來高效率地散熱。本著這些特質，我們的祖先能在狩獵過程中不斷地追趕獵物，直到牠們因為過熱衰竭而不支倒地。此外擁有絕佳的視力，用處也很大，這可以幫助他們從遠處鎖定目標。相較之下，聽覺與嗅覺對狩獵的幫助則比較可以忽略。

然而在森林裡，上述的特質就並非經常派得上用場。這裡陽光極難穿透，冷卻系統遠比不上熱量來源重要。因此森林的動物，在身體上有著全然不同的構造與功能——視力沒那麼重要，但一個很靈的鼻子，及一對大順風耳則然。想想如果你的視線，每隔不到幾公尺就會被樹幹阻斷，一雙可以四處偵察的鷹眼又有何用？想要及時意識到敵人的存在，就必須能從好幾百公尺外就聞到牠，並聽見牠踩在地面枯枝上的聲響。而且因為群體較大時在林下灌木叢中容易走散，典型的森林住民往往都是獨行俠。

於是我們的祖先在森林裡所面對的生態系統，只在某些條件下才適合人類的群居生活。如我們知道的，原始人類以獸皮毯子及火堆來禦寒，並在林間清除出大範圍的空地來改善視野——這就是伐木開墾。所以人類天生就不喜歡住在森林裡，而且只要環顧四周的文化景觀，一切就再清楚不過：我們為自己創造了一種理想的人造草原環境。小麥和大麥（今天更多的是玉米）即使產量特別豐富，也還是禾本科草類；此外還有放養牛隻（草原動物）的草地，以及零星散落其中的一些小林地，而一直到兩百年前的中歐地區，看起來都還是如此。在那之後，人們開始大規模造林，不過原因主要是基於木材這種原料的匱乏；另外當時的人也常將深遠幽暗的森林，與荒誕不經的探險怪譚產生聯想。

那今天的狀況呢？是徹底改變了，還是一切如昔？想想我們一開始所提到的，那種幾乎讓每個人都感到愉快自在的林間隙地吧。那也是林務行政單位之所以要在面積較大的森林區裡，闢出有助拓展視線的廊道的原因；它多半被設置在一個視野絕佳的眺望點，再擺上一張長椅——一個讓人有好心情的景點就完成了。而且這種歇腳點還非常受歡迎！看來人類古老本能的活躍程度，在這個凡事強調理智的時代裡，還是比我們自己願意相信的要高上許多。人之於森林的愛，或許更源自另一層涵義：它是最後的、且還算完整的生態樂園，是我們自己的家鄉僅剩的。

我們已經在林間漫遊了好一陣子，卻尚未提出最關鍵的問題：森林到底是什麼？若要官方來答覆這個問題很簡單，因為他們只要翻一下手邊的相關法令。例如根據德國聯邦森林法第二條，只要是覆蓋有森林植物的地面都屬於森林。依這條法令的定義來看，即使是堆放木頭的空間、道路、小面積的草地，以及伐木後的空地，只要四周環繞著數量夠多的大範圍林木，就算是森林。

顯而易見，這個對森林的定義純粹是出於省事簡便。否則誰又會把一大塊光禿無樹的區域也看作森林？依此看來，連伐木後的林間空地以及被風暴掃蕩過的區域，像那些無一倖免的雲杉林，都還是被歸為森林，也就不足為奇——只要它符合法規裡的先決條件，在五年內又重新造林。或許森林應該至少要有一個最基本的共同點，而這可以是：在一個面積較大的範圍裡，樹木呈現連續生長的閉合狀態。你認為呢？

德國本土的樹木群集地是否真的可歸為森林，或許最好由外人來評斷。自己的眼睛多少會被情感蒙蔽，相較之下旁觀者則比較客觀。對我來說，這個外人或許就是來自伊朗的高階林務官阿里・奧斯特・蒙塔濟瑞博士（Dr. Ali Ost Montazeri）。他在二〇〇九年時訪問了德國，並且到我的林區裡來做客，在我們開始聊到森林這個主題時，他直言不諱地說：「森林？哪裡有森林？」他在周遊德國各地林區後的所見所聞，對他而言，顯然更像是一種「栽培業景觀」。

或者我們也可以來聽聽一個非洲加蓬人的見解，我那總是樂於與人攀談的母親，有次就在熱帶非洲的旅途中，與一位當地人聊起了德國的森林。那位先生在提到他的歐洲之旅時，轉眼就藏不住自己語意中的失望；因為他雖然慕名想要拜訪「黑森林」，卻在健行過這一帶的中海拔山區後遍尋不得。一路上他只見到了人工栽培的針葉林，而一直到動身離去前，還是沒發現

「黑森林」的蹤跡。

「且慢——」在此大概有人要憤憤不平地抗議了，德國的森林不是永續發展的庇護所，一個數百年來在養護上樹立典範的生態體系嗎？透過對外的發展援助人員，我們甚至還鼓勵其它國家加以仿傚。沒錯，至少官方是如此宣稱的。但永續性到底是什麼？這個詞在三百年前剛出現時，人們對它的理解是「砍伐的樹木不再多於種植」，而且這樣的認知，在當時可一點都不理所當然，恰好相反。

那時為了取得建築材料及燒製木炭，人們大肆砍伐森林。木炭的用途，是為了提供冶煉礦石及正在萌芽的工業之需。森林裡到處都是冒著煙的炭窯，炭窯旁則是那些粗獷的燒炭壯漢的棲身之所；他們把砍伐下來且已分鋸成小塊的木頭，一層又一層地搭建成碩大的柴堆，之後覆上泥巴及乾草塊，再點上小火讓整座炭窯從內部連續悶燃數日，直到木頭全都轉化成能嘎吱作響的黑亮木炭。它們能產生煉鐵舖所需要的能源，又因為質輕，運送起來也相對容易許多。

所以我們今天的森林面積能夠在過去的兩百年間再度大幅增加，其實要拜無煙煤之賜，而這是歷史上一個帶點諷刺的笑話。隨著這種化石性燃料的發現與大量開採，製造起來大費周章的木炭於是逐漸被淘汰；而我們的森林，也才有機會休生養息。

回到永續性，一七一三年薩克森的礦冶部首長漢斯・卡爾・馮卡洛維茲（Hans Carl von Carlowitz）第一次陳述了這個詞彙，並且認為所謂的永續性，就是資源的使用量絕對不該超過其再生的潛能。當時這種想法當然與生態學無關，沒錯，重點是原料的供應必須得到保障。畢竟每個種玉米的農人也都會這樣做——每年達到大致相同的收穫量。

不過面對當前的問題，我們有必要對永續性另下定義，而一九九二年聯合國在里約熱內盧所舉行的環境會議上，對此就有所行動。在那時候起永續性所指涉的不僅是「量」，還包括生態系統的品質以及它那應該儘量要完整留傳給我們後代子孫的功能性。以上的目標是否能達成還是個問號，因為在德語區裡的林業經營管理，還是一直非常固守著馮卡洛維茲先生的信條；不過多虧我們對森林享有自由進出權，因此這目標在不同地方被執行的強度如何，我們隨時都能自行檢驗。

我們所走過的，到底是一座人造林還是半天然林，可以很輕易地根據以下幾個特點自行判斷。首先最簡單的莫過於樹木的排列方式。自然的力量絕對無法讓樹木成直線排列生長，沒錯，會這樣做的，是崇尚普魯士秩序精神的林務人員。雖然樹苗要怎麼種，原則上是完全無所謂，不過在一座德國森林裡，一切都必須非常精準。我在任職初期時就已經學到，你得先在一片沒有樹的空地上立上標示桿，它們紅白相間且有兩公尺高，在以直線排列的方式把它們一一打進土裡後，樹苗就可對準它的位置（成行）來種植，如此小樹就會一棵棵前後排得筆直。也因為它們從此動彈不得，那行列當然即使在幾十年之後依舊可見，除非森林透過伐木已變得稀疏。

第二個特徵是樹木的種類。除非我們在高山地區的森林線附近活動，否則依德國所處的緯度帶，純針葉林一定源自人工栽培。前面我們已提過它的背景緣由及引發的問題，甲蟲肆虐著這些遠離北方涼爽的故里且必須忍受乾渴之苦的針葉樹，風暴則可以輕而易舉地把這些常綠植物撂倒。也因此大規模人造林的典型外觀之一，就是清理完那些倒下的巨人後所留下的大塊光禿地面。不過為了以符合經濟效益的方式來收成大面積的林木，林間空地也可能是依計畫執行的結果。可惜我們許多僅存的老山毛櫸森林，經常就是透過這種方式為北美花旗松所取代。

不過那些只生長著闊葉樹的地方，也不見得就代表純粹天然。就像柚木或桃花心木的栽培林取代不了雨林，山毛櫸及橡樹林的意義與價值，也同樣無法替代我們所失去的原始森林。當老樹膝下環繞著各種年齡層的後代子孫，前景就會比較看好——它們由親樹的種子萌發成長，即使偶爾有一棵年老的個體被砍伐，這種被稱為「間伐森林」的經營方式，還是最接近自然；

唯一比較不同的，是很老的樹木及死去的殘幹在這裡極為少見。因此透過列入保護區來執行間伐的森林，不失為一種理想的妥協模式。可惜這種管理人與完好森林之間的和諧共處關係，只存在於不到全部森林面積百分之五的土地上，因為縱然有額外的法令規章，保護森林這件事，至今還是沒被認真看待。

說到保護森林這個主題，可惜我就免不了要提到一個醜陋不堪的題外話。這裡醜陋的不是森林，而是管理森林的人所做出的好事。為了除掉某些生物族群，數十年來他們根本就是從不間斷地在噴灑農藥；而使用一種橙劑（Agent Organge）的衍生物，就是那些鬧得最沸沸揚揚的事件之一。橙劑是美軍在越戰期間使用過的一種廣為人知的落葉劑，目的是摧毀所有的原始森林，以使敵軍在一片光禿的樹冠下無處藏匿。與亞洲這些行動同時並行的，還有中歐地區的直昇機噴灑任務，它們也正忙著要消滅此時已陷入絕境的闊葉林。

山毛櫸林與橡樹林在當時很少受到重視，基於油價低迷，人們想要的是最不需費力就能得到的燃料。而雲杉這種樹，不僅在野生動物數量偏高的情況下較占優勢（野鹿嗜吃的是闊葉樹），在木料建材工業的市場上也受歡迎，因此業者栽培的意願很高。僅僅在埃佛區及洪斯呂克山脈（Hunsrück）一帶，透過從空中噴灑藥劑，將死神無情地送進闊葉林裡，人們就取得超過五千平方公里的土地。這種名為「Tormona」的藥劑是以柴油為載體，時至今日，此種混合物的成分可能還殘留在我們森林的土壤裡；那些銹掉的柴油桶，也還散落在不知名的某處。

至於在此同時，是否一切都好轉了？並不盡然。因為即使是今天，化學藥劑還是繼續在噴灑著，只不過並非針對樹木。那些配備著噴灑裝置的直昇機和卡車，目標是會蛀掉樹和木材的昆蟲——就像樹皮甲蟲與蝴蝶的幼蟲，牠們在林相有些單調荒涼的雲杉或松樹單一栽培林裡，尤其肆無忌憚為所欲為，也因此是接觸性殺蟲劑所要殲滅的對象。這些以像「空手道」之名（還真是名副其實）來行銷的殺蟲劑，在施用後的三個月內，對昆蟲都還具有一種只要接觸就在劫難逃的毒性。

噴灑過藥劑的森林區域，原則上會有所標示並被禁止進入一段時間，然而林道旁的含毒材堆，卻經常沒被意識到具有危險。基於這點，我要奉勸你不要把這些木頭當成長椅來坐，寧可找個覆滿苔蘚的樹樁——保證安全無虞。即使完全撇開這點不談，剛砍伐的針葉原木上常常會分泌大量的松脂，一旦沾上，那汙漬可是連洗衣機都洗不掉，除非用像「除汙魔鬼」這樣的特殊清潔劑。那些堆疊的材堆還潛藏著另一種危險——它可能會四散崩落。只要是知道一根樹幹就可能重達數百公斤的人，都會對它們敬而遠之。林業用語上將這種材堆稱為「Polter」（與

「發出隆隆吵雜聲」一字有著相同的字根），不知靈感是否來自木頭滾落的聲音？

回到有毒物質，只要是直昇機來回巡航過的區域，之後整個夏天我都不會在那裡採集野莓或蕈類。除此之外，比起工業化的農業，森林裡的有毒物質其實算少。然而它真的還是一種接近自然的生態系統嗎？應該是吧，德國林業畢竟被視為是一種典範，它結合了利用、保護與遊憩的管理方式，透過對外的發展援助被引介到全世界。在政府林業機關發出的新聞通報裡，森林就是如此生長、開花爾後繁茂，一切都是以最美好的方式和諧共存，在群樹之間，人與自然言歸於好。

果真如此？對於這類的正面報導，在此同時我變得非常謹慎保留。不僅是因為我在外面所觀察到的，經常與它有著很大的出入，也因為它涉及巨大的利益衝突，對此甚至還驚動了聯邦企業聯合管理局（Bundeskartellamt）。也就是有不少官方林業機構不僅認真執行著他們的管轄任務，例如監督私人林業是否依法經營，本身還經常是出售最多木材、提供最多相關服務且具有主導市場能力的競爭者。然而因為有納稅人經常性的間接掖助，他們的要價可以輕易地低於私人林業者，結果是許多地方幾乎已不存在市場競爭性。

這就好像財政局本身就是金融商品的最大提供者一樣，請問誰又該接手控管監督的功能呢？另一個浮現的問題是：身為外行的我們，該如何區分官方公報與公關文宣的差別？這些公關文宣做得如此猛烈，有時候甚至會以另一種特別的語言來表達——而那種表達方式，或許我們在某些美食試吃的場所裡，早就有幸見識過。

德國林業小辭典

那些我們今天得以砍伐的樹木，是幾個世代前的人就為我們種下的。

各行各業都有自己的專業術語。這並非絕對必要，因為許多術語用一般人所能理解的詞彙也能表達。不過它歷經了漫長歲月的傳承，畢竟是個美好的古老傳統——只要真相不被蒙蔽。

我還記得我到林務站的第一天發生的那件無傷大雅的小插曲——負責培訓我的林務員要我去拿一個「克嚕波」來。「克嚕波」？我忍不住想發笑，因為這聽起來實在有點搞笑。「那是什麼？」我帶著菜鳥的一絲無辜問道。只見那位前輩翻了個白眼，他逕自走向車子，從後車箱拿出了根大型測徑器——一種測量用的卡尺，然後塞到我手裡。「你可以用它檢測一下這林道兩旁砍下來的樹幹的樹徑」他低聲嘟噥著說。

我並不反對「行話」的傳統，恰好相反。行話展現了每一種工藝都有長遠的歷史可回顧，而這在林業上正好是重要的：畢竟那些我們今天得以砍伐的樹木，是幾個世代前的人就為我們種下的。不過使用看起來比較「無害」的行話，如果為的是要影響公眾視聽，說來就有點狡猾了。舉個例子：你會怎麼理解「森林養護」這個用語呢？當林務員「養護」了他的森林，這座森林之後的狀態應該要愈來愈好；它會既強健又充滿生機，能對抗病蟲害，並可勝任氣候變遷帶來的挑戰——一般人都會這麼想吧！

然而如果有一位肉舖老板以類似「動物養護者」這樣的名號自稱，你又會怎麼說？聽起來有點詭異嗎？但他可是正以林務員的用語標準在跟你交流溝通。「森林養護」的涵義，說穿了與「砍樹」相差無幾，而且這在樹木的幼年期就已經開始執行。因此以電鋸將植株過密的造林地變疏的過程被稱為「幼林照護」，聽起來也挺符合邏輯的。這樣一來剩下的小樹應該可以享有更多空間，生長也會因此更快。此後每次的疏林，也都秉著完全一樣的目的——為了替最挺直高壯的樹木爭取空間，人們會清除掉它的鄰居。

關於「幼林照護」，其實還有個比較過時但一直還在使用著的術語叫做「淨化」。林地被「淨化」了——這說法讓我有點聯想到中世紀及天主教所主張的靈魂需經火煉「淨化」方能升天。你覺得這個比喻聽起來太嚴苛嗎？那就讓我們反問一下：如此這般的「養護」，對森林有益嗎？當然沒有，而且關於這點你自己就可以推斷出來。

有人會希望亞馬遜雨林是以這種方式來管理嗎？在那裡砍掉樹木以換取更多空間，真的會讓雨林更健康嗎？當然不會，而且情況在德國也一樣。鋸掉清除樹木這件事，總是，並且毫無例外的，會削弱其它倖存樹木的生命力。而這種傷害在一陣風颳起時就已經開始了：一棵樹木在風暴來襲時，原本可倚靠身邊的同伴，現在那個位置卻像斷崖般裂出了個缺口；等它的樹幹、樹冠及根系重新調整好自己來因應這個新的危機，至少又是三年已過。

此外樹木也失去了它的社會網絡，這點我們在有些年歲的闊葉林裡，特別能夠清楚地看到。那些因為同伴被砍除而變成獨行俠的樹木，顯而易見地都生病了。它們樹冠層頂部的枝條正在死去，於是一些山毛櫸樹和橡樹，看起來就像是被拔掉了毛的雞。所以一座森林，並不會因為疏林伐木就變得更健康；而這種作法，也不能被稱做「養護」。

假若我們從動物利用的領域，借點辭彙來聊聊「宰殺樹木」這話題，情況又會是如何？聽起來太殘暴了嗎？對此我倒是樂見其成。因為這樣才可以清楚地表述出：這裡有能感覺的生物被活活殺害了。基本上這也沒什麼好反對的，不過人們或許會因此在使用木材資源時，多停下來思考一下。我心裡萌發了一個這樣的念頭：許多林務員對於自己每天在森林裡的所作所為，或許也不覺得好過；然而所有的這一切，如果用一種比較不會引發內疚及招致外界批評的軟性語言加以包裝，他們在晚上就可以比較能安心入眠。

從上述的樹冠死亡現象，我們會進入下一個用語：「森林死亡」。如果你覺得這不是早就眾所皆知，根本沒必要再進一步闡述的話，我會明確地回你一句：「對、也不對。」經過一九八〇年代早期媒體的廣泛報導，「森林死亡」的涵義，確實已不再是什麼祕密——針、闊葉樹皆遭受嚴重危害，垂死掙扎的樹木滿山遍野：全都歸咎於各種工業、家庭與交通活動排放出的含酸廢氣。

接下來發生的，是一個環境政策成功奏效的真實故事。排煙脫硫裝置以及排氣淨化器扭轉了發展趨勢，並讓有害物質的汙染量大幅降低，於是對森林來勢洶洶的死亡威脅似乎是消失了。但其實廢氣問題一直都存在著，只是今天大家更聚焦於農業與交通活動產生的氮氧化物上——不僅是它所產生的酸性物質，還有讓樹木成長速度比以前快了大約三分之一的肥料效應。那些林務員用來計算並登錄林木每年增長量的表格，幾乎已經不再適用且必須持續上修。

這並不是什麼值得大聲叫好的事。沒錯，更多的木材產量，照理說意味更高的收益，一開始確實是這樣。然而快速的生長讓樹木幾乎喘不過氣來，它們會精疲力盡，並且因此對疾病與乾旱毫無招架之力。所以在努力追求空氣能更乾淨的路上，我們絕不該有所怠慢。

回到我所說的「對、也不對」這點。因為目前「森林死亡」此一用詞，就像這個現象如何被展示在公眾面前一樣，是以一種掩蓋事實的形式存在著——科學家們一致認同，我們的森林整體說來狀況良好；它不再成片地集體死去，材積產量也很令人滿意；而且縱使有氮氧化物的肥料效應，生態系統並沒有陷入險境。然而聯邦食品及農業部的森林狀態年度報告內容，卻與上述看法相悖。那裡面描述記載的，是所有森林樹種的樹冠層，都始終處在一種「令人憂慮」的狀態。被列入「健康」等級的樹木，不到總數的一半；相反地，它們多數被列為受害狀態輕微或嚴重。什麼「趨勢扭轉」，根本完全看不出來。

所以森林基本上很健康，但大部分的樹卻生病了？這說得通嗎？事實上一直不斷在損害樹木健康狀態的，是林業經營單位自己。前面提過，疏林造成了樹木在社會網絡上的損失，而這只是冰山的一角。雪上加霜的還有森林內部氣候的轉變，透過入射至林內的日照增強，這裡會變得更乾燥且更溫暖。使情況特別嚴峻的，則是伐木機器作業造成的「重」傷害——森林的土壤會因此被壓密變硬，樹木的根先是遭受擠壓挫傷，然後跟著真菌疾病為患，這一切都讓樹木的生存更加艱難。而它們樹冠的狀態則透露出了這點，因此多數樹木在每年的調查統計中被列為「受害」，完全有其道理。不過當監督機構本身就是全國最大的森林管理者，也難怪有人寧願以譴責他人為環境凶手來轉移焦點了。

伐木工的快樂舞曲

自己動手準備柴火的樂趣，實在無與倫比！

早期的生活雖然困苦，但卻比較緩慢悠閒。守林員端坐在他的森林工作站中，然後每個星期天，都會有一群林工魚貫而來，領走他們微薄得可憐的工資。他們在天寒地凍的季節裡砍伐雲杉、松及山毛櫸樹，而且完全靠兩隻手。能夠輔助的工具，就只有斧頭和雙人鋸，他們在部分已結凍的樹幹上費力地又鋸又砍，直到樹木倒下。接下來上場的便是剝皮刀，拿著它以使盡吃奶的力猛推，就能把樹皮剝下；剝光了樹皮的原木，就可以讓馬拖到就近的林道旁。因為一切都進行得如此緩慢，附近鄰里的壯丁們有一大部分都加入了這個行列；他們其實都是小農，只因冬季裡農地休耕，所以來賺點錢補貼家用。

然後機動鏈鋸在一九五〇年代登場了。它操作時的聲勢是如此驚人，胡默爾鎮上的一位資深小學老師，還會特地帶著學生健行到森林裡，去見識這神奇的玩意兒。當時的那種機動鏈鋸雖然還必須由兩人操作，但比起從前，工作的進行已明顯更為迅速有效。

伐木技術在此之後的另一次重大變革，則是伴隨著一九九〇年的那場冬季風暴而來。當時因狂風掃蕩而傾倒的樹木實在太多，要全部清理完倒樹根本是件不可能的任務；然而放眼斯堪地那維亞地區，早在一九八〇年代，全自動伐木機就已經在那裡大獲全勝。這種機器能夠穩穩地抓住一棵樹，將其鋸倒，依想要的長度把樹幹分段，並把木材整齊地安置成堆。一部這樣的機器怪獸，可以取代十二個（還是有著電鋸這種現代化配備的）林工。

因此在一九九〇年那場把數百萬棵雲杉橫掃在地的風暴之後，為了應付接下來龐大的工作量，為數眾多的伐木機被緊急購置並派上用場。雖然事後它們其實多半處於閒置「失業」的狀態，但在成本上還是比人力低，許多林工也因此必須離職。從此由伐木機主導作業的林地面積不斷成長，林工的數量則至今仍持續在下降——跟著逐漸成為昨日黃花的，還有伐木工人工作時那種帶點懷舊浪漫的氛圍。當然，看伐木機是怎樣以秋風掃落葉的速度砍完一整片林地，又怎樣不費吹灰之力地，以夾鉗舉起好幾噸重的樹幹，都絕對是種令人興奮震撼的體驗。可是森林裡不再揚起林工們休息時升火取暖的炊煙，不再響起樹倒時那聲響亮的「小心！」呼喊，取而代之的，只有伐木機引擎運作時單調的轟隆巨響，還有不斷穿插其中的電鋸刺耳尖叫聲，以及伐木機壓過後爛泥成片的林道。

然而這些只不過是視覺上看得到的損害。透過這種重機的行駛碾壓，由地面往下至兩公尺深的敏感土壤都會受到影響——土壤裡的毛孔被壓密，通氣的毛細管遭破壞，結果是那些微小生物悲慘地窒息而亡。此外，這樣的土壤也很難再儲存水分，而這在此後的炎熱夏季裡，對樹木是致命的。因為像專挑體弱宿主下手，且令人聞之色變的樹皮甲蟲這種寄生蟲，此時就能在雲杉及松樹身上得逞——它們通常能以分泌樹脂來自我防衛。亦即入侵的小蟲子，一般都會溺斃在黏稠的樹脂中，不過現在缺水的土壤使這些樹乾渴不已，幾乎再也吐不出「口水」。這些甲蟲因此得以如入無人之境地全面進攻，同時還會釋放出氣味訊息，呼朋引伴前來。不出幾天，牠們就共同決定了這些樹木的命運。可惜這種重型機械作業的延遲性後遺症，注意到的人還是太少。至於這樣的土壤損壞，何時才能再復原？根據地質學家的說法，可能得等到下次冰期過後，等受損地層在向前推移的冰河與霜凍作用下徹底鬆動。

幸好在工業化栽培林景觀之外，我們一直都還找得到那種在森林裡幹活的舊式浪漫。它雖然幾近絕跡於商業性伐木之中，在私部門裡卻愈來愈常見；而德國至少有將近一半的森林為私人所有。人們通常是透過繼承或為了獲取柴薪而購買林地，而且因為要滿足一戶現代化獨棟住宅的暖氣需求，只需要半公頃大的林地（五千平方公尺），也難怪在此同時，全德國大概有兩百萬個驕傲的森林「農夫」。

他們在週末時全家出動到位在鄉間的林地上，在那裡汗水淋漓地做著粗活並痛快地吃一餐，這股才不過風行了幾年的熱潮，甚至連電視節目都有報導。讓我大感驚奇的是，有關鏈鋸的廣告突然開始播送了；在此之前，它總被視為是一種專業小眾使用的特殊工具。成千上萬個業餘林業經營者，報名參加了政府林業機構所提供的課程，就為了要取得使用鏈鋸的執照。雖然在自家使用並不受限於這項規定，但就算是沒有私人林地的人，還是經常可以在公有森林裡取得所謂的「散裝柴薪」。這裡指的是在一些剛進行過疏伐的標示區域裡，樹木只被初步鋸斷放倒，其它像清除枝幹、把木材由大鋸小、用推車及肌力把木塊推到最近的林道旁，則都是這種散裝柴薪買主必須自行解決的事。所以說柴薪會讓人發熱兩次——先是我們工作時，然後是它燃燒時。

這麼做是否符合經濟效益，還要打個問號。因為大部分對此極為熱中的男人（女性比例微乎其微）所購置的裝備，根本常常過於龐大——大多數的鏈鋸馬力都太強，重量也過大；捨棄業餘愛好者適用的較小機型，它們質輕順手且完全足以應付較細的木頭，好像非得要入手馬力強大的專業機型不可。所有手持這個大塊頭工作一整天的人，傍晚非得全身筋骨痠痛不可。好吧，即使這點無所謂，事情可也還沒了結。你能想像要開著加掛拖車的自用小客車，去森林裡載木材嗎？它們大多不夠彪悍有力，也就是說還需要一部自己的牽引機。除此之外，為了把大木塊劈成可以堆疊的小木塊，一個絞車裝置以及夠力的劈材機也是必要的。僅僅是這些裝備的花費，就已經比請人把現成的柴薪運送到府好幾年還要貴。

然而我還是很能夠理解那些之所以要這樣做的人。這是透過勞動親手取得的木材燃料，也正因為如此，每天傍晚的爐火才更加獨特珍貴。當每塊木頭在送進爐火前，已多次經過自己的雙手，有關它的森林冒險故事，就會在搖曳的火光中迴響更久。更何況木頭是便宜的！即使在此期間油價曾經降低，這種天然燃料的價格，還是明顯更低廉。舉例來說，鄉村地區一立方公尺的山毛櫸柴含運費還不到五十歐元，而它的熱功率相當於兩百公升的汽油，相較之下，等於每公升的油價才二十五歐分。即使是那些拿來燒掉實在太可惜的頂級鋸材原木，在價位上也沒高多少。換句話說，這波木材景氣並沒有透過漲價來呈現，而只是擴大進口；也因為那些進口木材經常來自掠奪式採伐、或至少不是永續性經營的林業，在價格上當然是無可匹敵的低廉。

身為一個地方性森林的在地消費者，對此所能改變的當然很有限，不過無論如何你還是能夠問問林主，他的產品是否有達到森林管理委員會（FSC）的認證標準。那是一種生態標記，代表對產品的要求高出一般法律規定的標準。

另一種模式，是讓人把木頭以整段完整樹幹的形態送到家來。不過商家通常只願意運送一整台卡車的分量，大約四十立方公尺；把它們全部鋸成小塊然後堆起，得到的會是一道寬一公尺、高兩公尺且長達二十公尺的木塊牆。這對自家花園來說是否太多了？如果只用木頭，滿足一戶現代獨棟家屋每年暖氣供應所需的材積，是十立方公尺。因為木材燃燒前，必須至少有兩年或最好三年的時間來乾燥化，於是經常性的最低庫存量，已要從三十立方公尺起跳；如此看來，一部大卡車的運載量正好最恰當。這樣一來，我們根本不需要牽引機和拖車，倒是鏈鋸還是會經常派上用場。如前所述，在自家花園裡使用鏈鋸並不需要相關執照，不過我還是建議最好要有。這種鋸子極度危險，它銳利的鋸齒能在瞬間造成嚴重傷害，再加上掉落或爆裂開的樹幹，使它的意外事故率，就算在專業人士之間都還是居高不下，每年竟有高達三分之一的人，會發生屬通報等級的意外事故。

不過即使在提出所有的這些警告後，我還是必須說：自己動手準備柴火的樂趣，實在無與倫比！而且這裡指的，不僅僅是鋸木頭這回事。把樹幹分段鋸成長度各約一公尺後，為了讓它乾得更快，還必須從中間將它劈開；對此有個值得留意的小訣竅，把木頭順著生長方向豎立時，劈起來會比頭尾顛倒容易得多。老林工們的智慧之言就說過了：「木頭裂開的方式，就像鳥兒拉屎」——由上而下。一段時間後，你就會知道要先找到木頭上的小裂縫，只要斧頭從這裡落下，不用費多大的力氣木頭就能劈開。對我而言，這部分的工作是健身房訓練的最佳替代。

不過當然還是有更舒服更省事的方法。商家或建材行也出售已經事先乾燥、大小處理至可直接送入爐火、且在數量上也一目了然以立方公尺為材積單位的木柴，運送時是以鐵籠子或木箱裝成，使用時再從中將木塊取出，裝到爐火旁的柴籃中。你當然得為此付上一筆不小的額外花費，特別是其中還隱藏著變相的價格調漲。

因為現在關鍵問題是：一立方公尺到底是多少？相對於每部暖氣燃油泵都必須經過校準，木材的材積測量一直都還有很大的「彈性空間」。這裡說的，真的就是字面上的意思。

一立方公尺（在行話中稱為「實積立方公尺」）的材積，就是長、寬、高各一公尺，且完全由木材構成的一個立方體。所有被砍伐在路邊，且已準備好要出售的樹幹，都會以這樣的體積標準來加以換算，以使消費者得知他買到多少材料。這聽起來理所當然，不過最慢在我們談到「空間立方公尺」時，你就會知道為什麼我必須再強調一次——因為現在我們來到了投機買賣的王國。一「空間立方公尺」雖然同樣是一立方公尺，在這種情況下指的卻是堆放起來的木柴。這些木柴一般較細薄，甚至經常帶著空隙裂縫，而且大部分都還有一到兩公尺長；要一塊塊量它們的體積實在太麻煩，因此業者通常會乾脆整堆測量。然而因為交疊的木塊之間還存有空隙，一空間立方公尺裡，其實包含了許多空氣。空隙有多大，取決於那些木頭是彎曲還是筆直，以及是否有沒被處理乾淨的枝條，讓木塊無法上下堆疊得很平整。平均來說，一「空間立方公尺」的材積裡約含有百分之三十的空氣，也就是只有百分之七十的木柴。因此當你在比較「實積立方公尺」與「空間立方公尺」的木柴價格時，千萬別忘了要相對換算一下。

從幾年前開始還出現了一種新的測量規格：「傾倒式空間立方公尺」。相較於其它木頭在測量時會被整齊地堆放，商家愈來愈常提供這種立即可丟進爐火的木柴；它們被處理到只有三十公分長後，就被一股腦兒地倒進鐵籠子裡，於是才有了這個名號。當然這會在木塊間產生更多空隙，因此這樣的一立方公尺，至少會包含百分之五十的空氣在內。對於這點消費者怎麼看呢？據我觀察，他們並不了解全局。立即可用的柴薪直送府上，當然是件輕鬆愉快的事，可惜透過這種「再次加工」，木柴卻失去了它與燃油及天然氣競爭時最為有力的價格優勢。

舉例來說，森林裡林道旁可直接運走的一「實積立方公尺」山毛櫸木，價格是五十五歐元；如果將這段樹幹垂直分鋸成原木板並同樣堆在林道邊，價格已經是八十歐元（以原有的一「實積立方公尺」木頭做參照）；在鋸成可立即丟進爐灶之大小且倒進箱子後，價格則超過一百歐元。除此之外還要加上每立方公尺約十歐元的運費，結果就是通貨膨脹。當然，買了森林裡的那塊木頭背後，還隱藏著許多必須親自動手勞動才算完成的工作。不過回到前面提過的用大卡車來裝運的這件事：誰說你就不能與鄰居合作，一起分攤並安排一次這樣的運送？這個過程不僅有意思，在花費上更是划算。

當然也能找到更便宜的貨色，我自己就曾經見過一傾倒式空間立方公尺低於六十歐元的價格，而這種超低價格，經常要歸因於它們極為可疑的來源地。只要聽說過在當前的羅馬尼亞或俄羅斯森林是如何被濫墾濫伐，以及這個產業背後潛藏著怎樣的血汗低薪，對這種產品都會寧可敬而遠之。為我們帶來一室溫馨和暖的壁爐柴火，居然是來自被摧毀的原始森林？即使有一絲一毫的浪漫情懷，應該都會轉眼灰飛煙滅吧。

如果你是在專賣ＤＩＹ居家修繕工具與材料的商場裡購買那種袋裝的木柴，就必須面對另一種損耗。一來零售價本來就貴得多，再來與標籤上的宣稱經常背道而馳的，是這些木柴乾燥化的程度根本還不夠。因為太過潮濕，甚至常常在貨架上就已經快發霉了；而水分太多也是煙囪狂冒濃煙的主因，這些煙霧不僅攪擾鄰居，還違反法律規定。木柴在燃燒前不該含有超過百分之二十五的水分，然而即使在這種情況下，它燃燒時所釋放出的有害物質，都還是乾燥度達百分之十五以下時的三倍。這個過程要不是透過乾燥室的技術處理（這又會消耗能源），就是直接置放在戶外通風處超過兩年——這牽涉到空間問題。

無論如何，我還是偏好自己動手做。把送來的樹幹鋸短、劈開，置放乾燥兩年之後，再把它們鋸成長約二十五公分的木塊；然後我會在柴棚裡先堆放可使用六星期左右的量，這樣一來即使貨源偶爾短缺，我還是有足夠的木柴可以填滿壁爐旁的柴籃。所以在每塊木柴化身為熾烈的火焰之前，我都曾將它握在手中五次，這過程中我與它產生的關係，幾乎是個人專屬的。不管是堅硬棘手多節的部分——這讓我在劈材時很是費力氣惱，抑或質軟如奶油、不消輕輕一槌就斷然裂開的部分，我都同樣藏於心中。在一個燃氣的暖氣系統中，還有誰曾有過這樣的感受？

自然保育——有代價的愛

不過森林十分有耐心，五百年，也只是一個樹的世代。

最近才剛跟妻子及朋友一起在德國中部的哈茨山區（Harz）健行。我們在一條穿越森林的步道上走了好幾公里後，來到一處展現著大草原風貌的林間空地。在我還沒能好好環顧四周之際，一塊框著綠邊的三角形標示，引起了我的注意。那上頭寫著「自然保育區」，下面還另有一塊牌子，說明此處列入保護的理由——這裡有罕見的山區花卉，有眾多瀕臨危險的動物須仰賴它而生。

它們在歐盟的贊助下重現生機，成果到底如何，還真是顯而易見。許多不久前才剛被砍掉的樹木殘株，曝曬在大太陽下；一旁的林道斜坡上，則散落著由樹冠層殘餘剷碎的枝葉。這讓我火氣上升——是的，再一次。如果人們砍掉森林，是為了保護生長在開放空間上的物種，那它絕對稱不上是什麼自然保育。

因為就自然條件而言，德國本來就純粹是森林之國。今天這許多無樹的地表景觀，幾乎全是由人類活動所造成。早在數百年前，森林就已經開始被大肆墾伐，而此後的農業利用是如此密集，使這些區域的土壤地力幾乎消耗殆盡。當時還沒有人工肥料，農家畜欄裡所能提供的那點糞便肥料，對改善土地貧瘠化的幫助則很有限。經年累月之下，能夠在這種地力被嚴重剝削的土地上生存的植物，就只有那些極耐貧瘠土壤的種類。這類型的植物，經常源自東南歐地區，隨著森林墾殖與土壤破壞，它們逐漸擴散傳播到我們這裡來；然而當化學肥料出現時，這種空地上遍布野花的盛況，也成為歷史。

原本拋荒的土地，因肥料得以重新恢復活力；在曾是草地、畜牧地與長滿石楠的荒原上，鋤犁又開始忙碌了起來。於是人們開始對於美好古老的時光，對百花齊放的野地草原，燃起了浪漫的渴望，而這充分反映在保育區的設置上。所以不管是在呂內堡的石楠荒原（Lüneburger Heide），在阿爾高地區（Allgäu）山坡上的牧草地，或是在前述的哈茨山自然保育區，大家都在做著同樣的事：持續奮力與重返的森林相抗衡。

一個對森林如此友善的國家，居然在無數個保護區裡抑制樹木生長，這到底是怎麼一回事？我想，那是出於一種對大自然的深刻的愛，只不過它有點誤入歧途，進而產生了想儘量拯救許多物種的渴望。最適合說明這種期望的關鍵詞，就是「物種多樣性」——它理應被維護，而且每當有物種的生存受到威脅時，就必須啟動像哈茨山區草原這樣的拯救計畫。

的確，懷著這樣的理念，你可以在全國各地四處呼籲，保護那些因現代化農耕活動而逐漸消失的稀有植物——像龍膽、蘭花或水仙。不過請容我澄清一個天大的誤解：「物種多樣性」本身與自然保育毫不相干。在最小的空間內有著最高的物種多樣性，那個地方叫動物園，即使是最活躍的環境保護者，應該也不至於有將它列為自然保育區來保護的念頭。然而我們在國家公園以及其它類似保育區裡的所作所為，卻不折不扣正是如此。

例如只要黑森林地區的松雞生存受到威脅，就有人會砍掉一些樹木來疏林透光，為牠營造出一種人工泰卡林（即類似西伯利亞針葉林）的環境。這其中特別重要的一個環境要素，就是像小藍莓這樣的矮灌木，它對母松雞與小松雞來說，是昆蟲之外的另一種重要食物來源。像林蟻這種喜愛溫暖的昆蟲——藍莓灌木叢也一樣——之所以能夠廣為擴散繁殖，是因為我們的森林早自中世紀以來，就被大範圍地開墾及破壞。那些原本被覆蓋在巨大繁茂的山毛櫸樹冠之下、光線無比昏暗的森林地面，從此陽光普照，成為所有草本與灌木植物都能找到一線生機的群落生境*。松雞就是如此這般地，追隨著人類開墾活動的腳步而來。

時至今日，許多森林再度繁盛茂密了起來，至少那種原有的闊葉林的樣貌，又在部分地區重現。可惜這對許多地方的松雞意味著末日將至，即使以全球化的視野觀之，牠的生存絲毫不受威脅。我與家人在某次瑞典拉普蘭地區的旅程中，就完全確信這種野雞還好好地在那裡的森林據地稱王（松雞在當地還有人吃，不過這是另一個話題了）。松雞在中歐地區，只可見於某些擁有類似泰卡森林生態的地方，而那通常位在接近高山森林線的少數區域內，海拔偏高，天氣嚴苛惡劣。在那裡，這些昂首闊步的住民，直到今天都沒有面臨生存威脅；但是在其它地方，人們卻也不想放棄他們對松雞的衷心喜愛。

也因此在德國的黑森林，人們必須為這種愛付出代價。因為如果想促進松雞族群的繁盛，就必須放棄其它物種的前程。哪些物種呢？好吧，這答案至今沒有人確切知道，因為真正針對原生於中歐森林物種的研究，其實貧乏得可憐。數百種甲蟎、跳尾蟲及貧毛綱動物，仍在等待著被探討，然而牠們也可能在有科學家注意到牠們之前便已消聲匿跡。一旦疏林的行動使更多光線進入森林地面，或甚至是連樹種都進行了更換，落至地面上的，不再是成分較溫和的山毛櫸樹葉，而是酸性的雲杉針葉，那些小傢伙終究會因為食不下嚥而餓死。

在這之後有人會悼念甲蟎嗎？牠既沒有圓滾滾的大眼睛，又只會讓人們聯想到家裡灰塵帶來的過敏症狀，更無法讓人申請到官方研究經費。然而牠們卻足以被視為土壤中的浮游生物，代表著食物鏈的終點與出口，也因此對森林裡的各種生命不可或缺。

透過大舉改造森林生態，來拯救某種單一的鳥種，會就地引發一連串的物種滅絕——即使原本立意良善。而我的不滿也正出於這點，對此我並不期待一般大眾能夠理解，因為他們必須得依賴專家的判斷；可是專業人士就不同了，他們不該受到自己對某種神氣威風的鳥兒或繽紛美麗的花兒的好感支配，更重要的，應該是維護一地本土生態系統的職責。放眼全球，我們的責任所在是分布區相對有限的原始山毛櫸林，然而這個使命卻至今幾乎沒被認真看待過。還是，至少在那些過去二十五年中有如雨後春筍般冒出的新國家公園裡？

當埃佛國家公園成立時，我是滿心歡喜的。若以全球的標準為尺度，德國的保護區實在太

——譯註——

＊ 群落生境（Biotop）又稱生物小區，是一個生態系統內可再劃分的空間單位，指具有相對一致環境條件的地區（如相似的氣候、土壤、高度等），為某一特定的植物群體和與其相關的動物群體所占據。一個小的群落生境可以是一個水塘，或是一棵倒下的大樹；它卻也可以是大面積的森林、海洋或淺灘。

少了，因此我們幾乎沒有立場去指責旁人——譬如在有關亞馬遜雨林的保育上。我們的職責，是維護或復育原生的老山毛櫸林，而放眼世界，它所占的面積確實非常有限。德國過去曾經就位於這分布區的核心地帶，過去曾經，因為現在連要找到一平方公里大的這樣的森林都不可能。值得慶幸的是，至少還有幾座老森林倖存了下來，它們雖然也進行著伐木活動，在狀態上卻相當接近自然。而這樣的森林，之後會成為新成立的國家公園的核心，埃佛區就是其中之一。

也因為僅存的老林地面積是如此微不足道，為了至少滿足國際上認可的一百平方公里大的基本面積，其周圍相鄰的人工雲杉林，也被大舉劃入國家公園的範圍裡。這麼做完全有其道理，因為即使並非是我們想保護的樹種，劃入的區域至少已有樹木覆蓋；而在頭一、兩百年內亟需蔽蔭的年輕山毛櫸樹，也因此得以在雲杉腳下成長。在我的林區裡也是這麼做的，此處雲杉扮演的角色，幾乎就像那些闊葉樹孩子的繼母。目前我林區裡的針葉樹，也正遭逢樹皮甲蟲之害；這裡的氣候對雲杉及松樹本來就太溫暖，所有的針葉樹更可能在未來幾年內就被收拾得乾乾淨淨，而對此我並不想介入。生病的樹會被砍除並剝掉樹皮，為的是要破壞這種昆蟲孵育幼蟲的溫床，以此杜絕牠們大量繁殖的機會。所以保留那些老雲杉的作用，就是要為小山毛櫸樹遮蔭。

不過這樣的作法，在一座國家公園裡被認為會帶來不良後果。因為即使我們有理由相信「只要當前這種氣候條件持續一段時間，一座老山毛櫸森林就會成形」，還是得放手讓大自然去走出通往這個目標（或許是別的目標？）的路。而最令人興奮期待的也正是這點：檢測自己的理論是否正確，是否會發生一些意想不到的事。的確，是有一些意想不到的事發生了，只不過那並非出於自然的演變。基於林務主管階層間所達成的共識，幾乎所有的森林國家公園，都採取了一種即使在經濟林區裡都早已被禁止的作法：大規模砍伐樹木。伐木機碾平了這裡的地面，清除樹幹側枝並將其分段鋸開，然後賣給附近的鋸木廠——完全就像在其它森林裡一樣。所謂的「過程保護」*，還有人在乎嗎？

從國家公園保護狀態正式生效的那一刻起，那些負責人好像就迫不及待地要與園區裡的針葉樹劃清界線。突然間它們是非本土樹種，是絕不該生長於此，且必須儘快除掉的討厭鬼。只

——譯註——

* 過程保護（Prozessschutz）是一種自然保育策略，意指不介入生態系統的自然演變過程。不同於一般自然保護區裡所費不貲且積極管理的作法，它奉行與保護的是「什麼都不做」的原則。

不過糟糕的是，人們現在真切期盼的闊葉林，在形成的過程中須仰賴樹蔭。與這完全相反的，則是雲杉；它數以百萬計的幼苗，此時在那些清理完的空地上萌芽茁壯，而且很快就又能長高長壯，成為官方所不樂見的——一座針葉林。這麼一來原始森林復育的進度，又會因此至少再往後延宕個一百年。然而有個官方折頁簡介上隻字不提，但私下卻被坦承無諱的事實是：園區從樹皮甲蟲及真菌的魔掌中搶救下這些木材，然後將其提供給工業部門使用。

如果完全放手不管呢？我們會看到與巴伐利亞森林國家公園裡所謂的「核心地帶」（亦即完全不予干涉地帶）類似的情況，在大量繁殖的樹皮甲蟲肆虐下，大規模的雲杉林成片成片地陣亡。死去的樹幹至少還能提供一點遮蔭效果，雖然不夠，但總算足以讓這裡形成一片闊、針葉混合林。而且基於另一個原因，混合林現在的勝算也較大——狍鹿不喜歡踩進四處布滿倒木障礙的地方，這裡的幼苗因此可以全身而退，不會被吃掉且能長大茁壯。枝幹逐漸腐爛的雲杉還能提供新的腐植質，能蓄積水分並幫小樹度過特別乾燥的夏天。然而即便如此，這裡要形成一座真正的原始森林，還是需要五百年的時間。不過森林十分有耐心，五百年，也只是一個樹的世代。

假若我們要從自然保育這個面向來審視森林，這裡還漏提了動物。我指的並不是那些我們已經很熟悉的野生動物，而是人類家裡的寵物。牠們不但自數千年來就與自己的祖先同台競賽，時至今日，還在數量上還遙遙領先對方。例如狼在德國雖然依舊罕見——但也只是牠「野生版本」的部分；牠那些被馴養的兄弟姊妹們——也就是家犬，根據聯邦統計局公布的數字，僅僅在德國就超過一千萬隻。而牠們自然也都想享受森林，能夠從繫繩解放出來時，這些四腳小毛獸可是真正快活無比。接下來呢？大部分的狗，都有一種源自過往的天生的狩獵本能。包括那些讓人揣在懷裡的寵物狗在內，牠們多半是基於某種特定目的而被配種繁殖，而這幾乎都與狩獵有關。不管是捕捉、猛擊、前導（發出獵物在灌木叢中的訊號，以使獵人做好射擊準備）、搜索被擊中的動物或打撈水鳥——牠們五花八門的本事，可是說也說不完。

儘管今天狗多半被視為是家庭成員而非狩獵幫手，當牠置身於森林，穿梭在林木之間，那種緊追著野兔或野鹿不放的欲望，經常還是會無法遏制地爆發。假若被追趕的動物是健康的，這隻狗就會無功而返；像狍鹿在奔跑時不取直線，而是像在繞圈圈，因此牠所留下的蹤跡會與自己過往留下的相互交錯，如此一來狗便無法循著牠的氣味追蹤，困惑之餘只得放棄。對於這些森林住民而言，真正的危險，是在有兩隻或甚至更多狗追蹤牠們的時候；這些狗因此能截斷獵物的去路，最終將其捕獲。不幸的是，大部分的狗並不像狼那樣，會從獵物的咽喉下手——

這讓對手很快就一命嗚呼；不，牠們攻擊的部位，經常是獵物的臀或腹，這會讓獵物傷得很重，使牠接下來的好幾天，都在生死邊緣掙扎。也因此依各邦之規定，狗必須套上繫繩，在不需遵循此項規定處雖可自由活動，但得隨時停留在主人可掌控的範圍裡——換句話說，必須要能以一個口令或哨音就將其喚回。

不過繫上繩子也並非萬無一失。有天我就在一片年輕的雲杉林裡，發現了一副上面還繫著牽繩的舊項圈，它們顯然已經被遺棄腐爛在樹下多年，並且是某個戲劇性事件僅存的線索。或許一隻狗的牽繩從主人的手裡鬆脫了，後來在這個再也聽不到主人呼喚的角落，繩索纏在雲杉的枝幹上。狗在這裡悲慘地哀著餓，然後進了狐狸或野豬的五臟廟。由此可見，即使要讓你的狗自由奔跑一下，正確的作法是：拿掉牠的繫繩與項圈吧。

雷電交加

闊葉樹下，雨總要落兩次。

雷雨天待在森林裡能做什麼？當然，絕不要在這種天氣預報下出門健行才是明智之舉，不過如果有人想要見識一下壞天氣，那必須知道怎麼應對。至於「橡樹下你要避開，山毛櫸樹下要躲進來」這句老諺語，我們又該如何看待？它源自先人的經驗觀察，他們發現雷擊的痕跡，從來只出現在橡樹而非山毛櫸樹上。而還有什麼會比找一棵山毛櫸樹來尋求庇護更方便容易呢？

不過這種人們信以為真的庇護是靠不住的，山毛櫸樹絕對也逃不過這種自然現象的侵擾。它有著光滑的樹皮，大雨時會在樹皮上形成一層連續的水幕，就像小溪般往樹木根部流瀉；驟雨時水量暴增，沖刷至樹幹基部時居然還會激出白色泡沫。橡樹則恰恰相反，樹皮粗糙且多裂紋，於是流下的雨水雖然也會形成數百個迷你瀑布，但會反覆被粗糙的樹皮中斷。閃電固然會尋求最佳導電途徑，但卻不適用於橡樹的例子中。樹皮下方有著運輸水分的維管束，位在外側年輪，負責將水分由根部輸送至樹冠。閃電會從這裡進入，然而那細如毛髮的維管束，終究會因為無法負荷這龐大的能量而爆裂。有些閃電所經之處發生的爆炸是如此劇烈，甚至會使大塊撕裂的木片有如利刃般，隔空射入四周的樹木中。即使在多年以後，這些橡樹樹皮上人稱「雷擊切口」的傷痕，都還是清晰可見；這也是為什麼早先的人，總認為橡樹對閃電必定具有磁石般的吸引力。說穿了，其實每個樹種遭受雷擊的機率都一樣，關鍵只在於樹的高度。所以我們該避開山頂的位置，也絕不要在特別高大且鶴立於樹冠層中的樹木下尋求庇護。

比雷雨天更常見的是一般的降雨。如果遇到突如其來的傾盆大雨，但既沒有隨身雨衣也沒雨傘，又該怎麼辦？此時正確的抉擇很重要，要選好該躲在哪一種樹下。不同於遭遇雷擊時的民間說法，個別樹種避雨效果的差異再清楚不過。闊葉樹的枝椏向上斜舉，如此一來所有的雨水都能順向流下，匯集到樹幹之後，再一起朝自己的根部灌注。所以橡樹與山毛櫸樹都是不折不扣的集水者，不過也正因為如此，此時站在這兩種樹下都特別不舒服；另外，即使在雨過天晴好一段時間後，樹葉上都持續會有滴滴答答的水珠落下，也難怪俗話說「闊葉樹下，雨總要落兩次」。

至於針葉樹就完全不同了。它們原本就生長在緯度較高的北方，水氣總是十分充足，以枝幹來蒐集水分並不是那麼重要，大量的降雪相對來說才是挑戰。這雪白的沉重負擔，足以讓整個樹冠應聲而斷，也因此它們的側枝大多水平延展並會在末端往下彎。雪量大時，樹木身上漸增的重量，會讓它乾脆收攏自己的「手臂」，而這會讓它的整體外形輪廓（由上往下看）明顯縮小。

那下雨時呢？雨水多半會順著它的側枝往外流下，也就是與樹幹背道而馳。所以針葉樹下總是特別乾燥，而這正是我們在一場陣雨中可以善加利用的特質；愈靠近一棵像雲杉這種樹的樹幹，就愈有機會在雨中全身而退。可惜在德國所處的緯度帶裡，這個特徵對雲杉卻是一大致命傷，因為如此一來它等於平白斷送了許多珍貴的水氣。雪上加霜的，還有被重型機器碾壓後變得密實的地面，這會使它更快面臨夏季的乾渴期。

當我們走在闊葉森林裡，或許可以試著傾聽一下鳥兒所做的天氣預報。像蒼頭燕雀（Buchfink）對此就備有幾種不同的版本，而我們可以用以下的方法，來記住牠在平常天氣晴朗時的叫聲「是——是——是——我不是神氣的陸軍元帥嗎——」，那音律節奏，幾乎就是我從自然史教授那裡所學到的口訣的翻版。不過在山雨欲來前，那滑稽逗趣的曲調，就會被一聲略帶不屑的「雷噓——」給取代。

寧靜且多霧的天氣，常帶點令人不安的虛幻感。但是漫步在那些氣勢懾人的古老巨木下，還會有什麼事呢？完全相反地，此時的氣氛格外浪漫神祕；尤其當那顏色黝暗的樹幹，在緩慢飄移的白霧中忽隱忽現時，那畫面更有如童話。除此之外，霧氣彷彿也阻隔了所有的聲響，使人有種天地之間唯我一人的奇妙感受。不過在霧氣特別深重時，人偶爾還是會聽到一記明顯的悶響，那是有點低沉模糊的撞擊聲，就好像有某種龐然大物掉在森林地面上一樣。

正是如此。那是有如手臂粗的枝條，從闊葉樹高大的樹冠上掉落發出的聲響。在風止樹靜的此時？如果這是在一場狂風怒嘯的風暴中，沒人會對此大驚小怪；然而在如此寧靜平和的天氣裡，有誰料想得到會有禍從天降？究其罪魁禍首，就是空氣濕度過高。朽壞的枯枝，就如同海綿般吸入空氣中的小水滴；而真菌、細菌及甲蟲的幼蟲，則早已嚴重破壞了它的穩定性，這些微小生物孜孜不倦地蛀蝕著，留下的則是質軟如棉團的爛木頭。它所飽吸的濕氣，是壓垮駱駝的最後一根稻草，脆弱的殘餘朽木無法負荷那額外的重量，於是它應聲而斷，整段枝條掉落在地上。

此外，被慣稱為「Duftanhang」（「貼身氣味」之意）的現象不僅對你我、對樹木也具有生命威脅。因為這聽起來像是種迷人氣味的名號，事實上指的是霧淞*。此處霧氣再度扮演了重要角色，不過是在氣溫低於冰點的情況下。如果這種天氣狀態持續好幾天，就會有愈來愈多的冰晶凝結在細小的枝條上，它會繼續積累，直到較粗的枝椏不堪負荷地折斷，或甚至整棵樹啪一聲撕裂。形成霧淞的天氣，平均至少每五到十年就會來一次；然而在我迄今為止的工作生涯中，卻只就近觀察過一次冰淞。

那是一場在零下三度的氣溫裡連續下了三天多的毛毛雨，看起來並無大礙，然而整座森林，卻被厚達一公分的冰晶給包裹成透明的玻璃世界。那重量把有些樹木——尤其是小樹——壓彎低垂至地面，一些較老的針葉樹，則是整個樹梢不支斷裂並重重摔落。森林裡遊人絕跡，因為所有的林道，都化身為光亮如鏡的滑冰軌道。

不過森林訪客所可能面對的危險，其實還是有其限度，而且也不至於高過被雷給劈中。所

——譯註——

* 霧淞（Raureif）之所以在林業用語中被稱為 Duftanhang 的說法不一，一說 Duft（氣味）是古德語中 Tuft（可指霧、霜、露）的轉化或借用。

以濃霧比風暴危險嗎？當然不會。雖然我會毫無顧忌地漫遊在霧中的森林，但風暴來臨時，可千萬要待在家裡，因為這時候攔腰折斷並橫倒在地的，可會是整棵樹木。

玻璃碎片奇譚

當夏天熱浪來襲時，星星之火確實如常言所道足以燎原。

玻璃瓶這種東西，每隔一段時間就會引發一陣不小的恐慌。玻璃瓶？這種沒什麼破壞力的東西為何讓人神精緊繃，更何況，這跟森林又有什麼關係？

就先聽聽那些神經比較敏感的仁兄們的看法吧——他們主張，被丟棄的玻璃瓶是森林火災的原因。尤其是那厚厚的瓶底，作用就像透鏡一樣會聚集日照光束，其產生的熱能，足以使森林地面乾枯的草葉達到燃點，然後像引信一樣燃燒起來。聽起來頗合乎邏輯。

這種升火方式，我小時候就曾經拿著凸透鏡試過，每當那由熾熱的日照光束聚焦成的小白點在報紙上燃燒起來時，總讓我無比驚奇讚嘆。如果一個較厚的玻璃瓶底曲度正巧適中，它的作用真的就會類似一面透鏡。

不過棄置的玻璃引發火災，這種事我至今還從未聽聞過。可是這個問題卻連新聞記者也在四處追查，《時代週報》（*Die ZEIT*）就曾委託德國氣象局做過一個實驗。一位工作人員嘗試以曲度最適當的玻璃瓶底，來製造出超過攝氏兩百度的溫度——這是想要起火燃燒的最低溫度；然而即使費盡九牛二虎之力，他最多只能讓待燃物質的溫度上升到八十度——這還是在最理想的實驗室條件下。[25]

即便玻璃瓶是元凶的可能性因此得以排除，人們還是不該把它丟到森林裡。我持續發現一九五〇及六〇年代留下的陳年垃圾堆，那時一般村民處理垃圾的方式，就是把它一股腦地全都倒在附近的山坡下，反正眼不見為淨。這些隨意傾倒的垃圾堆，在垃圾清運法開始執行後被覆上一層土掩埋，然後過往的罪孽，就從此被遺忘。我曾經苦思不解，喜愛大自然的人為何會做出這樣的事，不過答案昭然若揭：在塑膠材料大量使用之前，大部分的垃圾是會腐爛的。不管是木頭、皮革或紙張，全都遲早會歸於塵土，因此把它們全往某處一丟的清除方式，倒也沒有那麼糟；而比較值錢的玻璃或金屬會被再度回收，所以當時的景觀也沒有因此破了相。

不過隨著戰後那幾十年社會經濟的逐漸富裕，人們也開始有了用完即丟的心態，把垃圾隨意倒在屋後的陋習，也還持續了一段時間。直到今天，在許多表面曾經覆蓋過薄土但卻再度被沖刷一空的地方，我們都還找得到那段時期留下的玻璃及金屬「贈禮」；而且一個不小心，轉眼就會踩到一塊碎玻璃。我們人類至少有鞋子保護，可惜野生動物並沒有。因此人們應該留意且別將垃圾帶進森林裡，即使它並不會引發森林大火。

說到森林大火：它本來就是乾熱夏季月分裡的一種現象。如果想了解這種現象，可以在家裡做一個小小的實驗，看能否將一根綠色的山毛櫸樹或橡樹枝條點燃。儘管試吧！因為你會發現這行不通。任人窮盡方法，活著的闊葉樹就是燒不起來；而且因為連閃電對此都無能為力，中歐地區在自然狀態下根本不存在森林火災。

然而偶爾從新聞裡我們還是會聽到森林火災的消息，即便起火點並不在「森林」裡。因為在此同時，雲杉、松樹與其它針葉樹的栽培業，已構成了我們「森林」一半以上的面積，而這種單調無趣的林木栽培業，與真正的天然林根本絲毫沾不上邊。它們不論在針葉、樹皮或木材裡，全都含有精油與樹脂，而這代表著絕佳燃料；再加上德國本土的土壤生物消受不了性質偏酸的松針，它們的腳邊於是也堆出了一層厚厚的乾燥松針，這製造出一種效果極好的引信，幾乎就只等著有人往上面丟根菸蒂。

當夏天熱浪來襲時，星星之火確實如常言所道足以燎原，上百棵樹木轉眼便能深陷火海。

其事態之所以沒有加劇，要歸功於我們嚴謹周全的火警監控機制，它總能在每道林煙飄起後，便在第一時間向附近的消防單位進行通報。

然而到底有沒有「好」的垃圾？也就是那種我們可以放心地在森林裡「處理」掉的東西？健行者總反覆地提出這個問題，畢竟有誰會想把軟爛的香蕉皮或啃到最後剩下的濕蘋果核再放回背包裡？又或者，一張已經擤滿鼻涕而且幾乎就要化掉的面紙？只要放膽一丟，劃個弧度東西就會掉進灌木叢裡，而且這些都是有機物，不到幾個月的時間，就會再度被分解成腐植質。

即便如此，基於幾個原因我還是要奉勸你打消這個念頭。

首先是那些為了使水果看起來鮮亮好吃，而在果皮上噴灑塗抹的藥劑或蠟質，它們不僅使果皮難以被分解，還會殘留化學成分在土壤中，而這是森林裡之前不曾有過的東西。會帶來類似影響的還有隨身面紙，它並且製造了另一種全然不同的效應：那醒目的白色，等於在向眾人宣告「這裡有垃圾」，然後垃圾會呼朋引伴而來。

這也是為什麼現在森林裡那些讓人避雨暫歇的小屋，幾乎很少設置過去曾被視為是必要的垃圾桶；因為只要垃圾桶一滿，許多人就會乾脆把垃圾丟在它周圍。反而在找不到垃圾桶時，大家會把自己的垃圾帶回家——除非有人已先把垃圾丟包在某個角落，其它人也就有了反正不差我一包的心態，不是嗎？

因此基本上我主張不論是何種形式的垃圾，不論它是否有機，全都應該回到它原來的位置——也就是每個人自己的背包裡。

沒有時鐘及羅盤的森林裡

像這樣的自然之鐘，只適合早起的鳥兒，也只能在夏半年裡使用。

我自認是個鐘錶狂熱分子。也就是說：只要手上沒載錶，我就覺得自己衣衫不整。不過這不僅是因為我得趕赴許多約——那是身為林務員的職務之所需且耽誤不得（是的，這個職業並非全然的輕鬆愜意），也因為我熱愛機械式壁鐘與桌鐘滴滴答答的聲音，以及它們訴說著古老時光、低沉洪亮的報時鐘響。

不管看的是這種較希罕的工藝製品，還是智慧型手機上的電子顯示，我們所有的人，都已習慣一天時間分割的方式並將其加以內化。然而事實上它卻具有好幾個嚴重的誤差——至少當我們漫步森林裡時。

第一個誤差，比較是從天文學的角度來看的。我們在鐘錶上所讀到的時間為中歐時間

（MEZ），而它所對應的，是此時東經十五度這條線上太陽的位置。舉例來說，對中歐地區所有位在這條經線上的地方而言，正午十二點鐘的太陽就在其正南方。在德國，這會是在接近波蘭邊境的哥利茲市（Görlitz），在奧地利則是座落於森林區裡的格明德（Gmünd），瑞士境內則根本沒有哪個城鎮位在這條線上。換句話說，所有其它地方鐘錶上顯示的時間，與太陽的方位根本不一致。比方說這種偏離在胡默爾鎮大約是半小時，也就是在中午十二點時，這裡根據太陽位置定出的真正地方時間，其實不過十一點半。我的村子位在德國的另一側，完全就在西邊，因此相較之下地球也必須再自轉半小時，太陽才會真正位在此地天空的最高點。

這種偏離還會更加明顯，如果再結合第二種誤差的效應：在採行夏令時間的期間，時鐘會撥快一小時，這種偏離因此還要再加上六十分鐘。也就是說，當我在胡默爾鎮看到錶上指針指向十二點時，頂上的太陽也不過剛在十點半時的位置。

為什麼我要談得這麼遠呢？因為森林不認識人類的時鐘，而是理所當然地依太陽的位置來調整自己的作息。然而與我們毫無二致的，是它也知道晝夜有別，也能分辨清晨與暮色，以及流轉在這兩端之間所有天色的差異。舉例來說，鳥兒對於逐漸明亮的天光在辨識上有多麼敏感細緻，從鳴禽時鐘上就很能很真切地聽聞出來。為了要讓每位「主唱」或多或少能被聽見，幾乎每一種鳴禽都有牠自己的時段——或者更應該說，自己的「太陽位置」——來一展歌喉。相對於歐亞雲雀（Feldlerche）在日出前一個半小時就已經開唱，嘰咋柳鶯（Zilpzalp）會在六十分鐘後才有興致清清嗓子；如果能夠辨識出住家附近森林周遭的鳥種，就能夠根據牠們的鳴聲，組合成一個完全個人的鳴禽時鐘。無論如何，有一點是所有鳥類共通的：一旦太陽昇至地平線上，百家便會開始爭鳴。因此一個像這樣的自然之鐘，只適合早起的鳥兒，也只能在夏半年裡使用。

你聽過以下這條與苔蘚有關的童軍老法則嗎？看看樹幹上有苔蘚生長的地方，就是迎風面。因為在我們所處的緯度帶，下雨時最常吹的是西風，面西這一側的樹幹也就特別潮濕；而苔蘚喜歡濕潤的環境，於是也就像羅盤能指示方向那樣，總是朝向西方生長。在許多情況下這點確實沒錯，不過如果你在森林裡遵循這條法則，依苔蘚生長的位置來自我定向，保證絕對迷路。因為在樹冠層這個保護傘之下的世界是平靜無風的，所以下雨時雨滴也大多是垂直降落；苔蘚生長的位置，因此取決於另一個截然不同的條件。

樹木很少完全筆直地向上生長，大部分的樹幹是呈現一種非常輕微、有點像香蕉那樣的弧形。如前所述，闊葉樹會以枝椏蒐集雨水並將其導向根部，然而它略彎的樹幹，會影響這種雨水的流路。雨水在這個弧形向上的那一面會形成一條小溪流，在向下的那一面則相反的會直接滴落。如此一來位在下方的樹皮將得不到絲毫水氣，自然也長不出苔蘚；相較之下，它在濕潤的上層則會長成一片厚厚的軟墊。因此苔蘚的位置所指明的，是樹幹彎曲的地方，而非哪個特定的方向。也因為每棵樹彎曲的方向不同，它所生長的位置當然也有時候東、有時候西……下次走進森林裡時，不妨親自去試驗一下吧。另外針葉樹上其實很少長有苔蘚，因為它的側枝會將雨水導離樹幹——所以在童軍法則把人給弄糊塗的這件事上，至少它不是共犯。

其實迷路這種事，在中歐的森林裡根本不可能再發生了。憑藉著手機及衛星定位系統，個人的健行路線都可以被即時記錄，因此我們隨時隨地都可以依此確認自己的位置。即使是以帶著地圖這種有點過時的方式上路，都絕對是安全的：或許有可能會在某個地方轉錯了彎，但是要以獨自在森林裡困惑打轉數日的方式來迷路，單純從統計數字上來看，根本不可能。

因為我們的森林，充其量也不過是一小塊林地。只要看看網路上那些空照圖中補綴地毯般的地景，就知道這些綠色島嶼的面積有多麼小。學者認為，要擁有真正的不受外界干擾的森林氣候，從林木深處到最近的草地、街道或聚落，必須至少有一公里的距離。一公里？那你已經進出好幾座森林了。

另一個參照標準是動物。只要知道即使是一隻以老鼠為食的小斑貓，都需要五到十平方公里大的領域，對一座真正的森林必須有多大就會比較有概念——那得是一隻斑貓生存領域的好幾倍。而且還不只這樣。根據聯邦森林總清查的資料顯示，在每平方公里大的森林面積上，就有平均約十三公里長的固定道路；它們貫穿森林的各個角落，以使大卡車全年都可將採伐的木材運走。這些道路的左右兩側，還會岔出一些專為大型伐木機開闢的狹長車道；這些所謂的「運木巷弄」，是以每隔二十公尺的距離來設置，它們在每一平方公里大的森林裡，總長度也因此累計到令人不可置信的五十公里——沒有路的荒野嗎？絕對不在這裡。

因此健行者會遇到的最糟糕的事，不過是走錯路來到另一個村子，然後必須呼叫計程車，坐回自己原先停車的那個健行者專用停車場。假若你無論如何就是不想繞圈圈走冤枉路，只要依循著一個簡單的經驗法則：持續往下坡的方向走，直到再度回到公路上。這麼做固然會讓人繞點路才返抵目的地，卻可以免於像無頭蒼蠅般在森林裡四處打轉。而如果在下坡的路上遇見水體，最好順著水流的方向前行（也就是說，繼續往下坡走）。

不過想到那種連日迷途、沒有食物也沒有手機的景況，還是帶點讓人又愛又懼的刺激感。至少失去一次方向感的這種假想，確實有點誘人。如果真的遇上了又如何呢？森林所提供的資源，絕對夠讓你存活很長一段時間。而且即使並非真的必要，這種經歷就算只是單純的體驗一次，也很有意思。

森林求生之道

那些快炒了幾秒鐘的昆蟲，之後嚐起來就像洋芋片。

有好一段時間我曾經籌辦過求生訓練課程。課程的參與者，只能帶睡袋、杯子，以及小刀隨行；而所有的訓練，則是在我林區裡一個僻靜的區域以徒步進行。在那裡，我們整隊人馬會共度一個週末。

因為這個活動多半在五月到十月間進行，此時的森林，其實應該也找得到足夠的食物。蕈菇、野莓和堅果——一個人如果只想在四十八小時內可以至少把肚子填飽，這難道還不夠嗎？可惜這份色香味俱全的三合一菜單，你大可把它拋諸腦後。因為這些食物，都各別只在一年中的某幾個星期裡才找得到，更何況除了堅果之外，它們也並不特別富含熱量。而且根據經驗得知，那些核果在還沒真正成熟前，松鼠早就已經快手快腳地搶先收成了。

也因此我們必須另尋目標，而在蘊藏量上特別豐富的，就是雲杉的形成層。這裡指的是樹木位在樹皮下方的形成層，這裡的細胞向內增生會形成木質部，向外則形成樹皮。冬季時樹木只含有少量水分，因此樹皮也堅不可摧地緊附在樹幹上；然而從三月開始，一旦雲杉從冬眠中醒來，並且再度把水分從地底往上抽送，只要用一把刀，就可以輕易地把樹皮剝掉。這件事做起來最輕而易舉的時間點是在五月——此時甚至可以將它大片大片地撕下。

不過為了不傷害活生生的樹木，最好找一棵在去年冬季的風暴中被撂倒的雲杉來試試。樹皮剝掉之後，下頭顏色亮白的木質部就會顯露出來，只是形成層到底應該在那裡呢？因為富含汁液，它其實就在眼前閃耀著光澤。我們可以用平整的刀刃在木質部上刮下乳白色的一小片——這就是了！它嚐起來有點像帶著黏液的紅蘿蔔，除了維生素外，還含有糖分及其它碳水化合物。從數量上來看，形成層是森林裡蘊藏最豐富的食物來源，以口感來說，它更已是其中之最。

把帶著黏液的紅蘿蔔當成美食之最？沒錯，的確是如此，而且這還都得怪我們自己。真正天然的食物，嚐起來通常不是苦的就是酸的，不僅纖維多堅韌不易咀嚼，能夠找到的量還很有限，所以要以此為食，得花上整天的時間。這也是為什麼形成層根本就是老天爺的贈禮，而我們不再懂得珍惜它的原因，要歸咎於人類食品的演變。它們在過去的幾十年裡，經歷了一場激烈無情的競賽，而負責篩選孰勝孰敗的，是我們那總是在獵取熱量與珍稀食材的口味——這是繼承自遠古時期的基因遺傳。

不管是含脂肪的、甜的、鹹的，或是壓縮過的碳水化合物，都是人類本能上就會渴望的。這在一萬年前或許很可以理解，畢竟當時的人幾乎沒有什麼熱量驚人的食物，而且即使一旦發現了，通常也必須把它立刻吃光。然而面對著今天塞滿各式食品的超市，我們其實再也沒有理由要這要做，可是要關掉先天內鍵的程式又談何容易。與其背道而馳的，我們不斷將食品繼續「改良」，以使它盡可能更吻合人類潛意識中的口腹之欲。只有那樣的產品，才能在市場上存活下來——至少在另一個更「美味可口」的產品出現之前。

結果是在某種範圍內，幾乎所有的產品嚐起來都一樣。聽起來有點言過其實嗎？證據就

「生長」在外面的環境中。去嚐嚐新鮮的花楸樹果實，熟透了的黑刺李，或是由雛菊與蒲公英拌成的生菜沙拉吧！只不過是想一下，我就忍不住要憋嘴倒抽一口氣；在這方面，我終究同樣是人類文明的受害者。因此嚴格來說，形成層確實是大自然的贈禮，至少在五到七月這段時間裡。在那之後，樹木又會開始準備迎冬，並讓自己的內部變得乾燥；這時候即使是費盡力氣也只能將樹皮小塊小塊地剝下，而在它下方的形成層，此時也已無法辨認。

不過森林裡其實還有其它好吃的東西，譬如天牛的幼蟲。這種生物身型扁平，白色的身體有好幾公分長，頭部則為深棕色。它們之所以這麼扁平，是因為要藏身在死掉樹木的樹皮之下，搜索最後剩餘的營養。在那裡它們會用嘴裡的利鉗粉碎樹皮，並同時把乾掉的形成層吃光抹淨。這種小蟲子富含蛋白質，如果必須在森林裡勉強度日，那就別無選擇：把牠送進嘴裡吧！不過也請別太匆促，小心被食物反咬一口；建議你最好先嚼碎頭部後，再來享用其它部位。

牠嚐起來兼具堅果及泥土的味道，如果不要在腦中想像那畫面，在「風味」上天牛的幼蟲與形成層可謂不分軒輊。那些過去在伐木時被當做朽木留下的大段樹幹，是最能夠找到天牛幼蟲的地方；所以把一段樹幹滾動半圈，讓原本接觸潮濕地面那一側的樹皮朝上，然後再放膽地用隨身小刀將整片腐朽的樹皮掀起，出現在眼前的，便是這些藏身其下的蒼白無色的小小住民。

如果沒有天牛的幼蟲，則應該至少也會有大量的等足目動物。此時最好先驅散腦中那種與家裡的腳踏墊或地下室的陰暗通道所產生的聯想，否則這頓點心你絕對消受不了。等足目動物與甲殼亞門動物具有親屬關係，這點只要嚐一口就知道——不過只在生食的情況下。不過為了不讓這吃的過程對食物以及對自己的味覺都過於殘忍，也可以把發現的東西和油一起在鍋子裡加熱後再享用。在我的求生訓練行程中，我總是隨身帶著這幾樣輔助工具，這讓人更容易從文明過渡到荒野。而且確實如此：那些快炒了幾秒鐘的昆蟲，之後嚐起來就像洋芋片；如果再灑上一點鹽巴，能夠提醒你是置身於某種原始狀態的，就只有它看起來的樣子。然而在此我們似乎又再度回到了本章之始，回到食品演變的主題上，而且憑良心說：又有誰在荒野中身邊會有鍋子和食用油？

「這我現在做不到，但是真的必要時，在一種緊急狀況中，應該就可以……」這樣的說法我常聽到，不過在我認為，事情應該恰好相反。在那些訓練行程中，情況總是如此——參與者在第一天下午時會特別樂於嘗試。他們的胃，還沒有把在家裡或在來這裡的路上所吃的食物消化完，而且每一種我們所發現的幼蟲，都是他們用來試膽的搞笑遊戲。

不過當時間來到第二天，他們的胃早已飢腸轆轆，身體的活動也帶來極大的疲倦感，那種樂於實驗的精神也宣告終了。昆蟲的幼蟲？不，謝謝！他們會讓自己忍耐一下，反正隔天就要回家了；所以寧可在枯枝鋪成的床墊上再多躺一會兒，試著小睡片刻來忘記空空如也的肚皮。

在食物藏量上也不遑多讓的，還有紅林蟻的蟻丘。那上面總有成千上萬隻的林蟻在奔走忙碌，要抓牠們簡直有如探囊取物。友善地以手指快速輕壓一下，就能讓祭品一命嗚呼，也順便讓這小東西無法再叮咬你的舌頭。然而必須特別注意的，是當你蹲踞在一座像這樣的蟻丘旁，這些小蟲子一轉眼就能攀上你的鞋面、並爬上你的褲管——不僅是從外面，也從裡面……在褲襠處被叮一下是什麼感覺，這很容易想像吧！

那如果是以打獵來取得食物呢？暫且不論你必須持有狩獵執照以及獵區許可證，藉由這種謀食技術存活下去的機率，其實也相當低。因為在你的瞄準望遠鏡前終於出現目標物之前，可能已經過了好幾天的工夫，而在此同時或許你也早已精疲力盡。此外，跟炒蟲子來吃時的問題一樣：基本上誰會拖著一根槍械穿越整座森林，只為了一旦有危急狀況就能獵取食物？沒人會這樣做。以捕捉小動物為食物來源，還是明顯地較有保障且存量較豐富。

可是如果有人根本就不喜歡殺生，也不想吃葷呢？那除了形成層之外，能選擇的真的就很有限。山毛櫸樹的果實在烘烤完後可比人間美味（千萬不可生吃！），然而它只會每三到五年，才在秋天出現一次。因為它的種子含有約百分五十的油脂，以它為食讓人能安然度過難關。橡果則基本上有毒，不過在去皮及多次換水煮過，以去除它所含有的單寧酸之後，這種高熱量果實也可食用。橡果在經過處理、脫水乾燥且研磨成粉後，甚至可充當麵粉的替代品；然而因為橡樹也是每三到五年才結一次果，要找到足夠的橡果，必須得超級幸運。

一些野菜的根其實也可入食，譬如像蒲公英。不過必須等它那瘦小蒼白的儲存器官完全長成，即使如此，吃的時候它還是會在你的牙間嘎吱作響。把它切成小片並小心烘炒，然後以杯底把它在鍋子裡磨得粉碎，你就能用它泡出某種類型的卡洛咖啡*。它的顏色偏棕，嚐起來是帶點甜味的苦澀，這讓人有點想起自己舒適安樂的家——至少在離開了它幾天之後。

蕈菇的價值，在少了食用油或奶油的情況下並不高，因為它所含的熱量幾乎趨近於零。更準確地說，我們的身體幾乎無法將它分解，因此會把只消化了一半的它又排放出來。那野莓呢？想像一下整天都能把香甜的黑莓以及那小小的氣味迷人的野草莓塞進嘴裡，這不是太夢幻了嗎？

在某次求生訓練的課程中，我就真的如此身歷其境了。那是一個暑氣逼人的七月天，我們整隊人馬經過了一處儼然已被黑莓占領的林間空地，而在那些藤蔓上，是飽滿、黑亮且熟透了的纍纍果實。棒呆了！我們立刻不顧一切地暫停其它計畫，而這意味整整兩個小時，我們都在忙著把胃給裝滿。然而又再過了兩小時之後，大部分學員的胃又鬧空城了——許多人顯然消受不了這大量的果酸，導致出現反胃嘔吐的症狀。

此外，口渴的問題比營養更需要優先解決。水是最重要的元素，人必須在三天之內找到它，否則就性命難保。我知道渴死這種事在中歐地區應該無人有幸經歷，不過這也只是一種腦力激盪，而且說不定你在某次健行途中就可能會用得上。幾年前當我在英國湖區健行時，就曾經願意付出一切——只要有乾淨的泉水可喝。

我們當時住的那家小小的民宿，很貼心地為我們全家每個人都準備了午餐餐盒。它在背包裡跟著我們一路前行，然後在我們走到山區高處第一次歇腳休息時，送給了我們一個大意外：吃的東西很足夠，但每個人卻只有一小包袋裝蘋果汁。這全是我的錯，我應該在早餐時就打開餐盒看看，檢查一下裡面的東西。結果那一小袋蘋果汁當然很快就見底了，然後接下來就是一段漫長且艱苦的行程——帶著漸增的折磨人的乾渴感。並不是因為找不到水流潄潄的山溪，事實上平均每十五分鐘我們就會越過一條；不過在山區裡陪伴我們且環繞著我們的，是好幾千隻的綿羊，而很可惜的牠們到處——當然也在小溪裡——拉屎，真令人遺憾！後來我們突襲了回

——譯註——

＊ 卡洛咖啡（Caro-Kaffee）是一種可替代咖啡的即溶飲料品牌，一九五四年開始在德國生產。它的氣味口感雖類似咖啡，成分卻並非傳統咖啡豆而是穀物。其受喜愛之因素早期是咖啡價格過高，今天則標榜為不含咖啡因的健康飲品。

到山谷後看到的第一家咖啡屋，並一口氣點了一堆礦泉水和果汁、汽水。

如果足夠幸運的話，或許能在健行途中遇見真正的森林小溪，因為這樣純淨的溪流確實還有一些。它們源自樹下的涓涓細流，不曝露在滿是牲口糞便的放牧草地上，這樣的水確實大多可直接生飲。在排除不適合飲用的水源時，有時候一些地名也能幫上一點忙。在我培訓時期待過的林區中，某個地方就因為有條埃佛區的小溪流經，而被名為「Em Dünndrisser」，意思是「拉肚子的人」——或許早在數百年前，在這裡工作過的林工就已經領教過它水質之惡劣。不過當人穿越森林而行，誰的手邊又會有這些地名可供參考？撇開這點不談，今非昔比，那裡的水質說不定也已經有了改變。所以直接觀察水中世界或許還容易些；因為以此為家的小動物，同樣也會透露出關於水質是否優良的訊息。

例如石蠅的幼蟲。這種昆蟲一生中（大約一年）大部分的時間都住在溪流裡，然後牠會爬上乾燥處蛻皮，用幾天的時間四處飛行，進行交配、產卵，隨後死亡。牠的幼蟲會在溪床上緩慢爬行，而且特別容易在溪底的石頭下找到牠。這種身體扁平、顏色有些灰棕且長著三對小腳及兩根長長尾鬚的生物，可以把牠跟石頭一起從水裡取出並好好端詳一下。

另一種好水質的指標是山椒魚的幼體。牠看起來就像蠑螈一樣，有著四隻細小的腿及一條長長的尾巴，皮膚上很淺的暗色斑點與呈現亮黃色的腿根則可供人辨識——這點與蠑螈不同。山椒魚的幼體需要非常乾淨的溪水，這也是牠變得如此罕見的原因之一；不過在我們的屋子旁，倒不時有成年的山椒魚會大駕光臨，尤其是在一場夜間陣雨之後。牠們會出動來獵食蝸牛和其它小動物，每當我們在深夜裡訪友歸來，走進車道時總必須特別注意，以免一不小心就會有幾隻斷魂在我們腳下。

假如你家也常有這樣的貴客臨門，抑或在森林裡某些特定的地方會碰到這種兩棲動物，可以建立一個小小的照片資料檔——山椒魚因為擁有獨特且你絕不會混淆的黃黑體色，每隻個體都可根據牠的斑紋，在幾年之後被確切無疑地重新辨識出來。而且這真的有可能在許多年之後，因為山椒魚的壽命可長達好幾十年（在人為養殖下可達五十年），所以照片登錄是值得做的，這對辨識出一些老面孔有所助益。

然後天氣終究有變冷的時候，即使是在夏天；或者更確切的說，至少在夜幕低垂的森林裡。這種時候，如果能升個營火豈不是太美妙了？因為寒冷幾乎跟挨餓一樣糟。而且假若森林真的就像人們所說的那麼容易起火，要點燃一座營火應該也費不了多少氣力。大錯特錯！這根本沒那麼容易，尤其困難的，是在下雨的天氣。那冷冷的雨滴會讓一切都濕透了，此外隨便吹來一陣微風，就能瞬間熄滅打火機上的火苗。打火機？只要你喜歡，當然也可以採取更懷舊原始的方式；它所需要的準備會麻煩費力一些，但卻更能迅速地在森林裡點燃火苗。

首先需要一個裝喉糖的小盒子（錫鐵材質那種），在裡面裝進一些從棉質舊汗衫剪出來的小布塊，把它的蓋子用鐵釘打個洞後蓋上。在下次烤肉時，把這個小鐵盒放在炭火邊並等一會兒，從這個小盒子會先冒出一縷白煙，但一會兒它便會消失。現在你可以把這個小鐵盒推到一旁讓它冷卻，裡面就是碳化了的棉布條——大功告成。

至於要在森林裡進行的步驟，還需要一塊燧石，而這在許多沙灘上都能找得到。最後還用得到的，是一塊含碳的鋼，而且在最理想的狀況下，是它被鑄成了一種適合被拳頭握住的把手形狀；這樣的東西，你可以在網路上訂購或在跳蚤市場上買到。現在只要再有一些麻布（建材行裡做填塞或密封用的那種產品），配備看起來就會跟兩千年前一樣，當時的人就是這樣取火的。

點火時把那一小塊碳鋼拿在手中（以手指握住把手），另一隻手則拿著燧石，在燧石上覆上碳化的棉布條並以姆指壓住。現在你可以用一種磨擦劃過的動作，由上往下把鋼鐵敲擊在燧石上一個有銳邊的位置，如此便能產生火花。我們的目標，是把火花打落在那棉布條上，讓它在布料纖維上燃開成火苗。現在把這火苗裹在一小團麻布裡，輕輕地且持續地朝它吹氣，直到火愈來愈旺，並終於突然轟一聲化成火焰。趕快把較細的枝條堆在這團火燄上，營火就正式啟用了。

只要一點練習，以這種原始方式取火的成功率是相當有保障的，而且它也並非只適用於極端狀況。在旅途中起一個這樣的營火來烤棍子麵包和小香腸，是件令人興奮的事，對小孩子來說，那更尤其是旅行時的高潮。

不過在濕答答的天氣裡，有個問題很快就會浮現：哪裡可以取得乾燥的木頭？地上所有的枝條，都已經在先前降下的雨水中浸濕，即使是能讓火燒得很旺的麻布團，都只能讓這些濕柴冒出短暫的濃煙，然後再度熄滅。有個補救辦法就長在樹上，特別是在雲杉和松的這類常綠針葉樹上。它們有如屋頂的分枝結構，使樹幹大部分的時候都能保持乾爽，而那上面你找得到的細小枯枝，可是綽綽有餘。即使在連日的惡劣天氣之後，你還是能將它點燃，而且在此助力下一旦火升起來了，再把受潮的枝條架上也不會有問題。

原則上，我們應該只把火生在一個先清理過的地面上，也就是把那上面的所有落葉和腐植質層都刮走，最理想的狀況甚至是用石塊把整個範圍圈起來。因為相較於地面表層經常被雨水浸潤而比較安全，部分地底下較深的位置則可能還非常乾燥。尤其是苔蘚層下面常有易燃的植物殘餘，我就曾經必須在某個下雨的冬日開車到林區裡，只為了熄滅一處還隱隱閃耀著火光的餘燼，那是某些健行者在停腳歇息後所留下的。

當時我身邊有一桶二十公升的水，不過很快地事實就證明這並不夠——雖然這餘燼所占的範圍，直徑幾乎不足半公尺，卻有辦法不斷地往潮濕的苔蘚層以下延燒。而苔蘚層在這裡的作用，就像是把滅火的水引開的防水屋頂，所以一直要到我將餘燼範圍內的表層覆蓋物清除之後，才總算成功了結了這場小災難。也因此在我們盡興悠遊於森林的同時，應該也要謹記這件事：離開時，請確認所有的火苗都已熄滅。

一切都照計畫進行，你找到了足夠的食物，也把自己的肚皮好好地填飽了，你的腸胃於是忙著運作，然後在某個時候，所有進去的都會再出來。不過誰又會想要去辦這件大事，如果手邊沒有衛生紙?而那有異於平日的飲食也會帶來額外的問題，因為現在你的——我就直說了——排泄物會非常的稀。還好即使是這點，大自然也對我們伸出了援手。那些喜歡生長在老樹樁上、觸感柔軟的墊狀苔蘚植物，可以像一片布那樣被拿起，還呈現出與衛生紙相似的耐撕性，因此你完全能以同樣的方式來使用它。假若之前下過陣雨或清晨的朝露仍均霑一切，這種植物性織布，甚至還能搖身一變成為舒適的濕紙巾。不過，為了表示對其它健行者的友善與尊重，如果還能把遺留下的一切加以掩埋，當然是再好不過。

至於這個可以安靜辦事的地方，可要謹慎選擇了。我所指的不僅是獵人為追蹤獵物所架設的監視器——那裡留下的影像畫面，之後有可能變成狩獵圈裡茶餘飯後的娛樂節目；不是的，更需要提防的，是那些會趁機突襲人類的小瘟神。一旦褲子褪去一半且置身在某種程度的無助狀態中，那些蚊蠓就會特別喜歡降落在你光溜溜的皮膚上——如果你所停留的位置，是在一個森林裡比較潮濕且稍有陽光照射的低窪地。比較適當的是有樹蔭的地方，而且盡可能地在一個置高點或至少是在山坡上較高的位置。最理想的情況是當風很強時，這些小蚊蚋會因無法承受風力而被颳走。

不斷地把消化器官給裝滿然後排空，如此這般轉眼一整天也就過了。畢竟我們在森林所能找到的，都只是些分量少到不能再少的食物，想要填飽肚子，就得花上好幾個小時的工夫來尋找。

然而在這天終將結束之前，還有個關於睡覺的問題必須解決。假如你身邊有一把斧頭，就可以放倒一棵雲杉（也可選擇花旗松或冷杉），然後砍下它帶著綠色針葉的枝條，這就是搭建床所需要的材料。將所有這些綠葉枝條彎曲的部分朝上，在地面鋪好，它們就會像肋骨形床架上的橫板一樣具有彈性。你可以把那些枝條中較粗的骨幹，置放在左右兩邊充當某種床沿，柔軟細小的側枝則疊放在那裡面；這個「床墊」堆得愈厚，晚上你就會躺得愈舒服。

而且用心去做這件事是值得的！我就經常遇到這樣的狀況，即使已經事先說明，還是有學員會把枝條或橫或直地交叉亂疊，隨隨便便搭出一個床墊。而這麼做的代價，一到晚上你便知道了。因為那些姆指粗的枝條凹凸不平地戳在背上，會讓人像豌豆公主般整夜無法闔眼安眠。反之，假若一切都按照規則來排放，這個床墊會形成某種讓人睡起來有被環抱之感的浴缸。這點是重要的，因為一個平面總會帶點小傾斜，而它能避免你在夜裡每次翻身時，都緩慢但持續地滑離床面一點，然後一早在光禿的地面上醒來。稍高的床緣，可以讓身體總是安分地待在床中央，讓人一夜放鬆好夢。

只不過你或許無法總是能立即順利入睡，而原因是在於聲音。這裡我所指的並不是某隻寂寞的貓頭鷹，牠們在午夜前通常是靜悄悄的。擾人清夢的，是甲蟲或其它昆蟲在這個天然床墊裡四處亂竄時所發出的沙沙聲——有點糟糕的是它也會從你頭底下傳來，所以人必須極度睏倦，才能終於在某個時候閉眼睡去。

由此可見，求生在森林裡並非易事，在緊急狀況中它所能提供的食物更是有限。也難怪在狩獵與採集時代時，整個德國境內人口也不過幾萬人。對於大型哺乳動物（當然也包括人類）而言，森林絕對不是貨架滿滿的大超市；為了獲取一些食物，牠們必須大範圍地移動。而這也是為什麼斑貓需要好幾平方公里大的領域空間，否則就找不到足夠的老鼠；體型較大的山貓，更需要上百平方公里的領域才能填飽肚皮。

那我們呢？相對於我們的祖先每人至少需要十平方公里大的森林，今天的擁擠程度則依邦別不同，已到平均每人的「領域」約只有零點零零四平方公里（四千平方公尺）大的程度。我們在這塊蕞爾之地上居住並工作，道路、軌道、行政機關、商店、農田和森林也分布配置於其上，為滿足我們的需求而存在。所以在此同時，一塊過去只能養活一個祖先的土地上，今天則容納安頓了兩千個人。

對我而言，這是個突顯人與自然到底脫離得有多遠的絕佳範例。因此藉由一個小小的個人的求生探險活動，我們應該也能理解，文明如何使人類與自己的根源及最初的味覺之間，隔了十萬八千里那麼遠。

當林務員變成送行者

重要的是，每個人都能依照自己的心意來道別。

我作夢也不曾想過，有天會把人下葬在轄區的老山毛櫸樹森林裡。然而此時此刻，這裡卻已舉行過四千多次的葬禮。

這整件事，都要從政府林務機關的一個計畫說起——砍掉老樹，並種下北美花旗松。雖然直到當時，胡默爾鎮都還能成功地違抗這項計畫，但我的憂慮從未消失。畢竟當時的我還在地方擔任公職，因此砍掉老樹這件事，上級是有權命令我去說服地方的；況且即使我拒絕服從，結果也可能於事無補，因為一旦日後接任我位置的人立場不再那麼堅定，放手讓鏈鋸到處開鍘，那又該怎麼辦？那些老林地，正有如烈日下的白雪般快速消融中，老樹還是不斷地遭到砍伐，只為了替木材工業提供原料。

由山毛櫸樹所構成的原始林，原本幾乎覆蓋了整個德國境內。然而今天那些碩果僅存的還算完整的老山毛櫸森林，卻只占總面積的大約千分之一。如此彌足珍貴的生態寶藏，在胡默爾鎮——也就是我的雇主——幸好還有一百公頃大，約是本地森林面積的百分十五。而我的願望，就是它可以維持現狀不要改變。

然後一個從同事那裡聽到的訊息，來得正是時候。那是某個我們從黑森林地區考察回來之後的傍晚，大家一面喝著啤酒，一面聊著發生在黑森邦（Hessen）森林某處的奇聞。據說那裡不久之前剛埋下了一些骨灰罈，林務員儼然已淪落至此，變成了掘墓的人。這則引來眾人哄堂大笑的趣聞，卻引起了我的興趣。這會不會就是個解套的辦法呢？把森林轉型為安息之所，將老山毛櫸樹做為活生生的墓碑出售？

隔天我立刻向胡默爾鎮的鎮長提出這個想法，並闡述這些新觀點。魯迪覺得這個主意不錯，於是我們就用接下來那幾個月的時間，把這項計畫付諸行動。我們希望能將名叫Im Stucks的這片老山毛櫸林保護起來，而且為了不驚擾大自然，這裡也不該建造新的道路或停車場。一個原本堆放原木的空地，整理後就可停放訪客的車子，原有的林道則鋪上一些碎石以利輪椅使用——這就完成一座樹葬森林了。

不過，或者還稱不上全部完成，因為接下來還要測量樹木。每根樹幹，都必須精準地測量並登錄在地圖上，環繞著它則規劃有十個預定墓穴。這些老山毛櫸與老橡樹上都帶有一小塊號碼金屬牌，此外也都附有一小塊名片格式的名單，上面寫著所有安息在此的人的名字。

我們的首批客人有著愉快的參訪經驗，他們認為在森林裡尋找永恆之所這個點子，實在絕妙無比。然而不太妙的，是天主教教會的看法與評價，對他們而言這是個難以消受的話題。媒體和電台很快就注意到了這個衝突，因此我們也在無意中獲得了大規模的免費宣傳。歸根究底，所有的不快都源自這種想法：樹木的根接收了人的骨灰，使它回歸到大自然的循環中，而這使「復活」變成不可能的事——主教區的代表如是說。

這麼說來那土葬呢？棺木裡的亡者終究也會在某個時候完全腐壞，而這不是也意味透過生物的分解作用，一切都同樣會再回到大自然的循環中嗎？天主教會後來是修正他們的觀點了，因此有神職人員主持的這類葬禮，也得到了德國主教會議的官方認可。而且不僅如此，第一個經營所謂的「上帝之林」樹葬森林的天主教教會社區，在此同時也出現了；不過他們也只能算是第二名，因為新教教會早在幾年前就已經搶得頭香。

我很慶幸這種相互攻訐的敵對狀態終於結束了，因為其中最身受其苦的，就是那些亡者的家屬。如果他們希望在葬禮中得到宗教上的協助，就必定得請求教會人士一同參與——不管那是自由傳教人士、新教的牧師，或是有點「反骨」的天主教神職人員。胡默爾鎮上一個像這樣的「反叛者」，在剛開始那幾年也是如此的寬容人道，從未對哪個有類似需求的人置之不理，直到有天突然毫無預警地被調離。不過今非昔比，如今再也沒有人會對樹葬森林感到激動不滿，甚至完全相反：它已穩定發展成喪葬文化的一部分。在德國、奧地利及瑞士境內，就有好幾百座這種設置。

至於那整個過程是如何運作的呢？首先幾乎所有的樹葬森林都會提供一次實地的免費資訊導覽，如果你喜歡這座森林，想要在此得到一棵樹，就可以預約排定個人導覽。林務工作人員會帶領你參觀尚未額滿的樹，受理你特別的願望，並為你預留中意的樹；接下來會在辦公室裡擬定合約，正式合約則會寄給你簽名；一張位置圖會讓你的文件更齊備，然後你就可以享有九十九年寧靜祥和的歲月——這份合約的效期至少就是這麼長。除非醫療科技有了驚人的大躍進，否則這段時間跨幅對今天還活著的成年人來說，應該是綽綽有餘。

租約已經完成，而這一天終究會來：一場葬禮正在等候。對此首先必須先進行的是火化，而要完成這件事，你得必須商請葬儀社，並向其另購一具火葬用的棺木（沒錯，基於技術性因素這真的必要），接下來就是到火葬場。之後的骨灰罈，可以由你或其它親屬親自去領取——這在某些邦裡至少是被允許的，否則剩下的，就是委託葬儀社或郵局（價位上尤其划算）來運送的問題了。你現在是不是也想到了包裹可能寄丟的問題？把這種包裹給寄丟的例子，我還不曾遇過也不曾聽過，或許原因就在於包裹上那明明白白貼著「骨灰罈」的字樣。所以下次如果要郵寄一些比較高價的東西，現在可算是學到了一個萬無一失的小訣竅……

骨灰罈已在現場，墓穴也挖掘備妥，並裝點了翠綠的雲杉枝葉，現在儀式可以依親屬（或逝者本人）所預想計畫的來進行。那景象可能會跟你在傳統墓園裡見到的截然不同——或許是一個男人，獨自在嚴冬白雪的寒林中為妻子下葬，一個弔唁的賓客也沒有；也或許是一群科隆人，正遵循著自己生性戲謔的家人的遺言指示，「在我的墳前不要哀悼悲傷，而要舉杯同歡」，換言之，這些家屬把一小桶科隆啤酒拉到了墳前，在那裡為每位客人倒上一杯。當然，完全以傳統儀式進行的葬禮也有，不管是由悼念者或神父來致辭，也不管是以音樂或詩歌的形式，重要的是，每個人都能依照自己的心意來道別。

一旦骨灰罈安置在墓穴中，且所有的親友踏上歸途離去，墓穴口就會再度被封起來。不消幾分鐘，這個位置看起來與森林裡的其它地方便沒什麼兩樣，而且確實也該如此，因為這片安息林畢竟在保護區內，此處占有最優先地位的是大自然。有關墓地的照護，既不在期望中也真的沒必要，因此之後你節省了時間及金錢。

一開始我們常聽到這樣的責難——「把人就這樣埋在森林的某個角落裡，不會再有人來探望他們了」。然而事實剛好完全相反，雖然沒有了帶著鮮花提著澆水器來的人，全家大小一起來的卻多了；就像以前爺爺奶奶還健在時，星期天去拜訪他們一樣，現在是全家一起開車上埃佛區的胡默爾鎮。在走向墓地的小徑上，他們享受著美好的林間散步，孩子們能在森林裡嬉戲，連家裡的狗也不缺席，而且之後或許還能到附近的餐館喝杯咖啡、吃塊蛋糕——這樣的墓地探訪，不再沉悶也不再沉重。

至於森林呢？這種安葬方式，對森林會有所損害嗎？這個有點棘手的問題，我從一開始就不斷地被問到。如果有的話，應該就是那些墓穴：它們環繞著樹幹周圍，最多是十座且有八十公分深。雖然只在很小的範圍內，但敏感的森林土壤確實被擾動了；我們只用圓鍬把泥土鏟出，並像挖土機那樣小心翼翼地把土壤由上方運走；為了避免壓密土壤及製造噪音，絕不動用機器。葬禮之後，所有的土壤層都會依照它原有的位置重新填回，當然，要完全一模一樣是不可能了，再加上現在多了一個甕在其中。所有的墓穴都位在離樹幹兩公尺處，希望藉此不要在挖掘時傷害到它較粗的根部。假若這十個墓穴就直接挖在樹幹基部，那這棵樹應該會性命不保，並立即倒塌。

說到倒塌：每座樹葬森林，都必須為那些可能由樹木引發的可怕危險承擔責任。樹冠層上腐朽的枯枝？輕輕吹來一陣風，說不定就會掉落並砸傷訪客。飽受真菌腐蝕危害的樹幹？有倒塌之虞，而且後果絕對不只是造成頭痛。「交通安全責任」是個令人聞之色變的緊箍咒，為了避免重大損害以及對簿公堂的麻煩，許多樹葬森林會先進行徹底的「整理」。只要算得上是不安全的樹，都會先被砍掉；它們的樹冠會被鍘碎成不起眼的木屑，然後鋪灑在許多小徑上。訪客希望看到的，是處於原始狀態的大自然，因此絲毫伐木的痕跡，都會是一種干擾。然而這確實是一種林木採伐，因為砍下的樹幹，會被出售給鄰近的鋸木廠或需要柴薪的客戶；所以有關一切皆化為塵土且回歸自然循環的理念，現在又該怎麼說？在經過這樣的處置之後，這些木材間接變成了家具或再次進了爐火。

不過我們還是有其它的選擇，只是那會昂貴許多。在胡默爾鎮，所有的樹木一年中都會被視察管控多次，一旦發現危險就會出動攀樹師；他們會以繩索小心翼翼地爬上樹冠，除掉那些枯死的枝條。一旦有樹香消玉殞，它不會被砍除而只會被修剪樹冠，在自然界中，死去的樹幹可能會攔腰折斷，並留下佇立著的長樹樁。攀樹師則會模仿這種操作，在修剪過程中同樣保留挺立的樹幹，並讓樹冠落在它的腳邊慢慢腐朽。這種人為的介入，與大自然本身在這裡所進行的幾乎沒什麼兩樣；唯一有點麻煩的是，這麼做花費驚人，而且還是在整個合約效期一百年的時間內。相較於低成本的「養護」方式可透過出售木材獲得財務上的贊助，這種貼近自然保育的作法，卻必須籌募大筆的預備金。然而，今天還有哪個地方鄉鎮，能有如此穩固的預算可支配，並能真正省下一些錢來？

為了回答一開始就提出的問題，我只能說：樹木會因而受苦，假如一座森林基於經費問題被修剪成了公園。

至於骨灰罈及它的內容物呢？這是個敏感棘手的話題——自己最摯愛的人的骨灰是否會對森林造成損害，有誰樂於思考這個問題？在這個市場上（是的，的確有骨灰罈的市場），我們可以找到以生物性材料製成的各式產品，不論是以玉米粉、原木或其它有機成分，雖然結果是它們看起來大多很像塑膠製品，但根據廠商保證，它們在地底下很快就會分解掉。對此我至少一直都相信著，直到胡默爾鎮的安息林在啟用四年後，第一次收到了一份挖掘墓地的申請書。

挖掘墓地？對於早就可能已經分解完的骨灰罈，這可該如何進行？管他的，反正有家屬想要把親人移葬，有關單位也核准了這項申請，因此我的同事自然也就必須拿起鏟子工作。然而讓我們全都大吃一驚的，是那個從地底下挖出來的幾乎完好無缺的甕，只有表層的彩色烤漆起了點泡。對於想要遷葬的家屬來說，這是件好事；對於我們不想改變它的土壤成分的森林來說，卻很糟糕。於是從此在安息林的老樹下，我們只允許葬下未經加工處理、以天然膠質黏合的山毛櫸木骨灰罈。這種黏著劑只要遇水就會分解，骨灰罈也會因此裂開，裡面的骨灰也能重返自然的循環；而木頭本身，可能就需要幾年或甚至幾十年的時間來分解，它在土壤裡的狀況等同於樹木死掉的根，換句話說，對森林完全無害。

那骨灰呢？有許多人相信，裝在骨灰罈裡的不過是棺木的灰燼。但事實正好相反，那其中的絕大部分，確實是來自人的身體（也就是骨骼），棺木灰燼所占的量其實微不足道。所以至此可說是解除警報了……然而如果這是一個因病去逝的人，他的骨灰裡會殘留一絲一毫的有害物質嗎？畢竟在這種情況下人會服用許多藥物，而其成分或許會遺留在我們的器官組織中，因此骨灰中含有類似的濃縮物應該也是必然。根據火葬場的說法，情況其實並非如此。有毒的重金屬，如水銀（補牙用的汞合金填充材料），會與燃燒的廢氣一起被過濾掉，留下的幾乎就只有純粹的骨骼石灰。不過這種說法有人反對，他們說這過程中會產生六價鉻，而它會汙染地下水，這點幾年前我就耳聞過。對此樹葬經營者也進行了探究，並因此遭遇到一些具利益衝突的人。從他們的立場來看，樹葬最後會讓這整個行業的人都沒飯吃，墓園的園丁和墓碑石匠再也沒活可幹，更別提棺木製造業者了——所以如果可以趁機把這種自然喪葬形式給打倒，豈不令人稱快？

然而這整件事還是有點啟人疑竇。因為即使單純是焚燒木頭，還是會產生這種有毒的重金屬化合物，不過據我們目前所知，它們在開放空間裡很快就會分解成較無害的物質。我打算密切注意這方面的後續研究，因為對我而言，這終究也與老樹的保護有關；在所有的問題討論都圍繞著安葬方式的同時，老樹不該因此淪為犧牲者。

陪葬品與墓地照護，在胡默爾鎮這裡都是不被允許的，唯一可以跟著進入墓穴中的，是像小鵝卵石或貝殼這樣的東西——它或許承載著人們某次假期的共同回憶。儀式進行時，在墓穴的周圍置放鮮花、點蠟燭或播放音樂都是可以的——如同其它傳統的葬禮。而當所有的親友散去，我們會集中收起所有的鮮花，把它們移至安息林前那個小小的祈禱亭。

順帶一提，喪葬歷史與森林的關係，其實比我們所認為的還要緊密。以棺木土葬的習俗，是伴隨著基督教的信仰而來，在此之前的日耳曼人及稍後的羅馬人，對亡者進行的則都是火葬，而後者甚至已經使用甕來裝骨灰。然而基督教源自近東地區，在那裡木材可謂奇貨可居。每一次的火化都需要好幾立方公尺的木頭，鑒於可取材的樹木數量很少，當時的人根本無法負擔這樣的奢侈；而只要利用這昂貴原料的一小部分就能做成的棺木，則相對廉價許多。隨著新宗教來到我們這裡的，還有一些相應的、但事實上在此根本不具意義的喪葬習俗。就這點而言，安息林與先前的火葬，其實無異是一種早期廣為流傳的林葬之重返——這種想法很美好，我如此認為。

安息林給人的感受是什麼？這個問題在此同時對我也是最重要的事，我想這座森林尤其傳達了一個訊息：寧靜。我已多次從訪客口中得到這樣的回饋，他們說自己一路從停車場穿過雲杉林並往下走向那些老山毛櫸樹，在來到這座老闊葉林的綠蔭下時，會突然有了回家的感覺。產生這種感受的原因何在，我無從得知，這些人自己也無法說明。或許原因就在於這座完好健全的森林，不管是從自身內部或是與周遭環境，都完全處在一種和諧均衡的狀態。也許我們人類還擁有一種幾乎隱沒了的第六感，可以感受到一地的生態是健康或是有狀況的（像雲杉栽培林）。在遠古時期這種能力或許曾經很重要，因為建全的森林在壞天氣時比較安全，也能提供較多的食物藏量。

選擇一棵中意的樹，經常是件輕鬆愉快的事，至少在那種預備型的租約裡。有人曾經提過要「試躺」，也曾有一小群快活的牌友，希望未來還能永遠在這裡一起玩紙牌。女人經常想為自己找一個有陽光的小角落，因為她們一輩子受夠了兩腳冰冷之苦；小溪則對某些男人扮演著重要的角色，因為他們是如此熱愛垂釣。

選定了一棵樹，常常對人也是一種解脫。有一次我領了一對老夫婦到安息林裡，兩人皆已八十好幾且都重病成勢，只剩最後幾個星期的生命。要他們走路已是強人所難，所以我用越野車載著他們沿主要道路進入；以步行的速度，我們的車子緩緩地滑過那些粗壯偉岸的樹幹，然後停在森林裡那棵最高大莊嚴的山毛櫸樹之母旁——這個地方立刻就擄獲了兩人的心。他們在這裡訂下了兩個位置，當我們之後再次回到停車場時，兩人告訴了我：「對我們而言，這是長久以來最美好的一天！」

在這裡，葬禮之後的悼念方式也經常有點不尋常。我曾遇過一位婦人，坐在她先生安息的那棵樹下，就著明亮的春陽微笑寫下詩句。而一年當中有一、兩次，在安息林坡面的較高處會出現一位機車騎士，他會安靜地坐在因意外而不幸死去的好友墳旁，向他問候並乾掉一瓶啤酒，不久後再度消失無蹤。

然後還有某次的冰塊事件。森林的地面上有冰塊也並不是那麼罕見，不過出現在一個炎熱的七月天，可就真的讓我完全摸不著頭緒。整個星期我左思右想，揣測著各種可能性：是因為一個特別寒冷甚至出現霜凍的夏夜嗎？（沒錯，這種現象在氣候反常的年分裡，確實會發生在埃佛區。）還是有人在這裡從冰櫃裡掉出了什麼？這個猜測已經離真相不遠，然而真正的故事還更令人感動。這塊冰，來自一個妻子已安息於此的寂寞男人。這裡不允許也不希望親友對墓地進行裝飾，而這個鰥夫也遵循著這個規定；不過他還是創意十足地想出了一個辦法——在家做出一個心形容器，將水注入然後放進冰櫃裡讓它凍結。他帶著這顆冰做成的心來到妻子墓前，並讓它在那裡的夏日驕陽下慢慢融解。

對我而言，這些經歷是撫慰人心的。因為一開始我並不確定，自己是否能夠長久承受那所有環繞附生在墓地周遭的愁苦與悲傷。一個三十八歲的林務員（當時的我），成天無可避免地要與「死亡」打交道，畢竟並非日常。但是今天我知道了，森林墓園的氛圍能助人療癒哀傷，而能夠促成一些具正面作用的事，感覺真的很棒。

他有權這麼做嗎？

每個在外冒著風雨工作的人，都有權利為自己升一堆溫暖的火。

森林到底是誰的？每當我這樣問著小學生時，聽到的答案經常是「你！」。當然不是，起碼公有森林就是集體共有的財產，只不過大多數的人都失去了這種感覺。所以森林的的確確也屬於你，至少以比例分配的方式。

無論如何，德國境內還有百分之五十六的森林屬於鄉鎮、城市或邦，平均分配後，每位居民得到的因此大約是八百平方公尺大；在奧地利及瑞士這數字甚至更高，分別是三千八百及一千一百五十平方公尺。另外根據德國聯邦食品及農業部的報告，在這八百平方公尺的土地上，平均生長有千棵以上的樹木——或許該說是小樹。也就是它們百分之九十九以上都還很小，真正的大樹需要四百平方公尺——每一棵。所以又來了，你的森林配額顯然只比一顆花生米稍大。為了避免眾人各行其是，也為了要以整體生態系統的角度依既定路線來管理或保護森林，這裡也適用民主原則。於是有關森林的事務，便是由議會定出路線，並交由中央與地方林務機關來加以執行；而這些機關，是由你繳納的稅金所供養的「服務業者」。

為什麼我要在這些眾所皆知的事情上嘮叨不休？那是基於一種日益增強的感受，這些「服務業者」，並不是總能意識到自己真正的角色。舉個例子：德國各政黨之間達成了這樣的共識，在二〇二〇年前將百分之五的森林面積列入保護。在這些區域內不應再有林木利用，大自然得以在此以自己的步調來前進。因為私有林地的比例不到一半，大家也一致認同，保護區應優先設置在公有林地裡；而這意味有百分之十的公有林地，必須停止林木利用。現在有人或許會說，要執行這件事不是太簡單了嗎？然而這可大錯特錯：這不是百分之二或百分之四，即使是如此也無法這麼快就有所轉變。原因之一，便是那些透過「利用」來高唱保護的政府林務機關——他們說：我們每一平方公里不再伐木的的林地，都可能會對熱帶森林製造更大的壓力，因為這麼一來我們就必須從那裡進口木材，而這相對地會為當地帶來森林浩劫。

暫且撇開我們也可以乾脆就消耗少一點木材這點，我認為這種說法實在帶了點殖民主義的色彩。而且在一個公民又更強勢介入如何養護「自己的」森林的時代，那些必須向你負責的林務員，在你家門前的森林裡做了些什麼，你是可以影響的。至於這種影響能夠多麼深遠，一個名叫「國王村森林之友」（http://waldfreunde—koenigsdorf.de）的公民倡議團體就告訴了我們。

他們關注了一個為保存老闊葉林而設置的自然保護區，然後發現即使列入保護，那裡還是有老樹遭到砍伐，而且土壤被重機碾壓得又密又硬，這座森林因此也跟其它經濟林幾乎沒什麼兩樣。一些市民無法袖手旁觀，於是開始採取行動。歷經幾年的時間，且與政治人物及媒體頻繁多次的對話之後，這個公民倡議團體，發展成一個令人不敢忽視的角色，並在決定這個自然保護區的命運上，取得重大的影響力。其它區域也有類似案例的報導，而這顯示了一旦訴諸公共論述，即使是小蝦米也能發揮大作用。

反觀在那些已經拍板定案的事情中，我們又能再做些什麼？越野賽跑是合法的，採集蕈菇及漿果同樣也是——不過在森林裡露營呢？北歐地區奉行著前述的「漫遊自由權」，這允許人即使在陌生的土地上都能紮營過夜——只要它不是蓋有房舍的建地。這點與我們這裡不同，而且大概也非得不同，因為我們的人口密度明顯高得多，如果不加以限制，野生動物應該會永無寧日，再也找不到安身之處。不過真的是這樣嗎？並不是——至少對那為數兩百萬左右的私有林地主人及他們的家人就不是。待在自己的林地上視同於林業工作，而每個在外冒著風雨工作的人，都有權利為自己升一堆溫暖的火。不管會引發那一種等級的森林火災，你隨時都可以在自己的森林裡烤肉。過夜的可能性則依邦別的法規而異，假若一塊地未被歸類在特別保護區內（例如鳥類保護區），至少在某些邦裡就是可以的；而且你甚至還能允許其它人在你的土地上過夜。

反之完全禁止的則是商業性活動——不准採集、不准露營，連使用一般林道都是違法的。而我認為這也完全合理。在一個人口密度如此高的國家裡，林地主人必須包容許多事；私人產業也有社會義務，讓所有的人共享自然，是現代化國家講求公平正義的一部分。但只要是想在別人的產業和土地上賺錢的人，都必須取得許可，且在有疑慮的情況下也必須為此付出一些代價。這裡指的不僅是像求生訓練或在林道上介紹新型越野車款這種戶外活動，駕駛馬車或群眾性賽跑活動也同樣在此限制內。

而不管是個人休閒活動，或是由單位主辦的活動，責任歸屬的問題在發生意外時都愈來愈常出現。因為森林也有危險的一面，而且最常搏得新聞版面的，多半不是野生動物而是樹。別擔心，樹木本身當然並不危險，不過只要這些巨人中的哪位在某次掉下一根枯死的枝幹，就完全有可能釀成大禍。從四十公尺高且以一箱礦泉水重量落下的力道是如此之大，甚至會使意外產生致命的結局。又或者是橫臥在自行車道上的一截斷木，也能引發令人不快的驚嚇。難怪訴諸法律的案例不斷發生，對林地主人及林務員而言這尤其令人厭煩不快。因為一旦來散步的人發生了受傷或甚至死亡的意外，事情便不再涉及強制責任險，而是犯罪行為的刑責範圍。

所以根據普遍的法律規範，森林所有者對自己產業可能為一般民眾帶來的危險，是負有責任的——除此之外，你也沒辦法從法令中再解讀出更多訊息了，因此所有的林主，也就只能基於自己對這種狀況的判斷來自我定位。問題是：人的觀點隨著年代演變，而最後的結果，是人們再也不確定該怎麼做才算正確。所有分布在道路兩側的樹木，一年檢測兩次夠嗎？如果是的話，檢測結果該如何記錄？而檢測人員又必須具備怎樣的資格？無論如何，安全問題總令人憂心忡忡。民眾的安全嗎？有時候我會有這種感覺，或許這更事關負責人的「安全」。因為沒有人想鋌而走險，所以不確定時的作法就是大事砍伐；而那經常意味，在道路左右兩側各有一樹高那麼寬的帶狀區域內，所有的樹都得砍掉，以確保不會有哪一棵朽壞的樹木被遺漏，然後倒下來砸在車子上。

根據聯邦統計局的報告，德國境內縣級以上的越區公路網總長為二十三萬公里，[26] 此外還要加上六十萬公里長的較小的產業或社區道路，三萬三千公里長的軌道，以及一萬個邊緣同樣鄰接著森林的聚落。如果每個地方都一律以這種極端手段來處理，森林應該幾乎是蕩然無存了吧。

這種潛在性的危險到底有多大？我沒有找到全年總數的統計資料，然而相關的專業期刊會提及每一件案例，因為它們大多附帶著正在查證地主是否有罪的法律訴訟。在十年當中只有少數的幾個案例，可以確定罪魁禍首是明顯朽壞的問題樹木，相較之下風暴所造成的人命傷害與損失，則遠比這要多得多，而且經常是整座森林都被掃平，不僅道路、連車輛都被重壓在倒樹之下。

因此把森林清理出好幾千公里長的帶狀區域，也把每一棵只不過有啄木鳥鑿洞且緊臨著縣道的樹都隨即砍除，對我而言這是反應過度了。不過當然啦，這種強硬的手段有時候也具有一石二鳥的作用：路邊不再有倒樹之外，還可以同時砍下大量的木材——而這經常會以最快的速度，被運送到最近的生質能電廠。

夜行

你現在擁有的，是一座夜之森林所能夠演奏出的最完美的交響樂。

你在那裡會覺得比較安心自在？大白天裡城市中的行人徒步區，或是獨自一人的夜晚漆黑森林？雖然你一定知道我想說什麼了，不過為何不乾脆自己來體驗一次呢！

如果一個地方除了令人毛骨悚然的聲音之外什麼都沒有，我們的感官及本能都會警鈴大作吧，更遑論在一個完全陌生的環境裡了。你不覺得那幽暗的光線中鬼影幢幢嗎？從矮林中傳來的喀嚓一聲，不也很像一隻大型動物正在逼近嗎？即使知道什麼事都不會發生，在幾種罕見的情況下，連我自己都還會覺得有點心慌慌。

這裡在捉弄著我們的，或許是我們祖先的基因「遺產」。相較於當時的鄉野還橫行著盜賊搶匪，如果把歷史往前推得夠遠，劍齒虎也還在等著容易下手的獵物，今天的森林，純粹從統計數字來看，在一天中的每時每刻都是最安全的地方。有哪個笨賊會潛伏在樹後等待，就為了襲擊一個健行者？只怕在那個值得下手的倒楣鬼出現之前，他大概已經等到地老天荒了，而行人徒步區則正好完全相反。

所以事情不是這樣的，夜晚的森林是一種特別安全且美好的體驗。而且隨著夜色愈深，來自文明的聲音也愈發減弱——下班尖峰時間的車流已散去，不再有人推剪著草坪，建築工地的機械也已停歇，偶爾仍擾人清夢的就只有夜航的飛機。為什麼這些和森林有關？因為只有在真正的寂靜中，我們才會注意到聲音能傳送多遠。真正純粹的自然體驗，需要真正的自然之音，然而這在當前有多困難，我和攝影工作隊的人就常常體驗到。他們喜歡錄一些帶著「氣氛」的背景聲音，也就是幾分鐘的樹稍風聲以及禽鳥鳴唱，以便穿插在影片某些沒有旁白對話的段落中播放。它的連續性之所以如此難得，是因為在此同時，幾乎每寸土地都存在著以分鐘為頻率出現的聲音干擾源，而這多半出自公路或飛機的噪音。

因此如果想要有一個不受干擾的夜之體驗，有兩種可能的選擇。一是進入山區谷地裡，山體可以將噪音完美地阻隔在外，所以查無人煙的谷地會非常安靜，然而躲不掉的還是夜間航班的飛機。第二個可能性（要達成也容易得多）則是在起風時去散步。當微風呢喃撩撥著樹葉與枝椏，當枝條窸窸窣窣地相互擁抱，而枝幹也在彎腰點頭地嘎吱作響，不僅所有其它的聲音來源都被蓋過，你現在擁有的，是一座夜之森林所能夠演奏出的最完美的交響樂。在這些條件下所聽到的，我們之前的幾千個世代也都聽過，曾經有無數的營火在這背景音樂下升起，環繞營火而坐的，還有石器時代的人類。此時我總會感受到某種程度的自由，以及一種不知今夕何夕的永恆之感。

想要盡興地享受夜之體驗，最好是保持走在步道上。否則穿梭在林木之間的結果，可能會眼前飛來橫禍——這裡指的真的就是眼睛。因為正是針葉林裡的樹幹低處還留有許多手指般粗的斷裂枝條，而它們潛藏著很高的傷害風險。不過此時我還是會忍住想拔出手電筒的衝動，這東西不僅會立即把人丟回文明，還會帶來更大的古老原始的恐懼感。因為所有落在這圓錐光束之外的東西，都會變得更加模糊不清，此外也會讓眼睛再度回到幾個小時前的狀態——雖然很慢，但我們的雙眼其實已經完美地調整至夜視狀態。

白天時我們眼睛裡負責處理光線的組織，是視網膜裡的視錐細胞。它們對光線並不敏感，畢竟在戶外及有照明設備的房間裡，光線通常都很充足。在黑夜裡會派上用場的則是視桿細胞，它與視錐細胞相稱但更尖細瘦長，並且只能夠處理黑白兩色。題外話：這是為什麼俗話說

「夜晚的貓都是灰色的」——我們的眼睛，在黑暗中無法處理顏色。而且因為夜晚的森林，又明顯地比空間開敞的地方暗，所以為了保護眼睛，就不要白費力氣了。不過如果真的需要用一下人為照明，就最好選擇紅光。紅光幾乎不會改變我們眼睛對黑暗的視覺調整，所以像天文學家在以望遠鏡進觀測時，就會使用這種燈光（在一些配件專賣店裡價位很合理）。

想要看得到更多的另一種可能性，是選對時間。對於初次體驗夜間健行的你來說，一個萬里無雲且天空掛著一輪皎潔明月的夜晚，是最理想不過。這時圓月是如此明亮，亮到甚至可以在戶外看報紙。

我們已針對視覺討論了好一會兒，但它在黑暗中其實無法傳遞多少資訊。能夠讓我們的體驗明顯更豐富的，其實是透過耳朵。大型哺乳類動物會因為灌木叢裡喀嚓作響的枝條而曝露行蹤，不過也只有在天氣乾燥時，一旦一場雨將枯枝浸濕，它就會軟化、易彎且幾乎不會發出聲響。幸好動物本身也會發出聲音，如果聽到一種嘶啞的吠叫聲，並不代表夜晚的林木深處有狗，而是狍鹿。狍鹿嘶啞的叫聲在行話裡被稱為「Schrecken」（「驚恐」之意），因為牠正不折不扣地處於驚恐中。這種吠聲雖然一方面警告了同類，另一方面卻也會讓潛在的攻擊者注意到自己；因此牠只在干擾源離自己還有好幾百公尺遠時，才會發出這種警告。這讓所有的狍鹿，都有充分的時間來不動聲色地撤退。如果你在很近的距離內驚嚇了一頭狍鹿，牠會立刻一躍而起，並無聲無息地逃離現場。這種狀況確實還滿常發生的，這些動物在林道旁打著盹，一開始根本沒注意到有人騎著腳踏車或馬向牠們接近。這種近距離的邂逅，會讓雙方都大吃一驚且心跳加速。

那我們的鼻子在此又有何作用呢？好吧，它也不是我們最強的感官，不過當人什麼都看不見時，所有的訊息都彌足珍貴。再加上一旦我們的注意力不被影像分散，就能更強烈地意識到味道。或許可以先從森林裡的空氣來著手。真菌大量地繁殖在森林土壤中，它的菌絲幾乎無所不在地穿透了每一寸土地；尤其是在天氣潮濕時，很容易就可以聞到它們。

還有，針葉樹芳香的氣味聞起來又如何呢？那是一種類似混合了松脂、柑桔皮蜜餞，以及糖的味道，讓人想起去年夏天的地中海假期，那裡的義大利石松，也會散發出這樣的香氣。這種氣味是由差異性極大的成分所組成，並且還夾帶著訊息。許多針葉樹在我們這裡正受著苦，因為這裡的氣候，對它們實在太乾也太熱；也因為在虛弱的狀態下幾乎無法自衛，它們很容易就成為樹皮甲蟲的犧牲者。為了向同伴提出警告，它們會散發出嗅覺上的求救訊號——而這聞起來，就是濃濃的度假氣息。另外，藉著散發出能殺死病原的物質，並以此使真菌與細菌遠離自己，它們等於也淨化了森林的空氣。

再者，當我們夜行悠遊於大自然之中，千萬不要被某種偽裝成關懷野生動物的禁止標示給嚇阻了。這些多半由獵人設置，他們希望狩獵時能不受攪擾，卻託辭這是狍鹿與紅鹿的需要——這麼做確實比較有效。自由進出權不管是白天或夜晚都隨時適用，在私有林地裡也一樣。

夜晚的森林，究竟有哪些活動在進行著呢？一切都在此時才真正活躍起來嗎？並不盡然，至少樹木就不是。它們沉入放鬆且養神的夢鄉中，就像我們一樣，暫別了繁忙的日常，歇息在床上。光合作用停止了，樹幹內部及樹冠層中的活動減弱了，而這也影響到空氣裡的氧含量，因為樹木同樣也燃燒糖分及其它碳水化合物的事實，此時才會顯現出來。

樹木絕對不只是氧氣製造者，一種除了「提供木材」外，人類唯一樂於看到的功能。透過葉子背面成千上萬個小嘴，也就是所謂的「氣孔」，它們得以呼吸。白天氧氣通常是過剩的，因為葉子在利用陽光使水與二氧化碳分解並轉換成糖的作用中，會不斷製造出氧氣；然而在夜晚時，這些巨人和我們一樣，也只能以消耗儲存在皮膚下——亦即樹皮下——的熱量維生，並同時釋放出大量的二氧化碳。所謂健康的森林空氣，其實在夜裡有點沒那麼健康，不過那程度如此微不足道，使它實際上的影響並不大。

一個科學上的新知特別讓我感動，就是當天色漸暗時，樹木真的會完全沉入夢鄉。來自奧地利與芬蘭的研究小組，以雷射光掃瞄樺樹的樹冠，並意外地確認了：一旦天色漸暗，樹木就會讓自己的葉子和枝條下垂，而且夜色愈深就愈明顯。比起明亮的白天，它們的位置變動最多可達十公分；至於樹木在清晨時，是不是也會被日出或某種內在的生物時鐘所喚醒，則尚未有定論。[27]

還有另一種作用，我們同樣也很難察覺到：樹木在晚上會變胖——總之就是會胖一點，而且程度至少大到研究者能用測量工具量出來。因為這時候幾乎沒有葉子還能接收由根部注入樹幹的水——畢竟它們全都處於睡眠狀態。[28]當葉子隨著清晨的第一道陽光，再度展開一天的生產活動時，樹木的水肚腩便會消失無蹤。

動物的活躍度也會隨著夜色漸沉而增強，因為像狍鹿或紅鹿這種常被獵取的對象，此時不會再感受到來自人類的危險。而其它像蝙蝠這類的生物，反正本來就只在黑夜裡活動，牠們會以超音波的定位方式來捕捉夜蛾。順道一提，那些夜蛾的外表特別多毛粗糙，而這都要歸因於牠的天敵——這種身體及翅膀上的粗糙表面可以擾亂聲波，並讓蝙蝠這會飛的哺乳動物更難追捕到自己。此外牠對高音頻的聲音也發展出一種絕佳的聽力，因此也聽得到蝙蝠是如何在搜索自己。[29]

總是很引人入勝的，還有貓頭鷹的夜間飛行。牠們尋找的目標雖是老鼠，但也不會放過睡夢中的鳥。貓頭鷹的羽毛具有柔軟如流蘇般的鬚邊，這使牠在鼓動翅膀時得以絕對安靜無聲，就像鬼魅般來去無踪；牠的獵物因此經常處在一種渾然無知的狀態，而眼見大禍臨頭之際，一切則為時已晚。

你若以為在夜晚的森林裡沒有人會觀察你，那我接下來要說的，可會讓你大失所望。舉例來說，當你為了解決某種急迫的需求，而無聲無息地偷偷溜到一處灌木叢後，你可能就被——而且還是全自動地——鎖定了。那是一種既小且不起眼的專拍野生動物的相機，它被固定在樹上，一旦行動感應器察覺到你，就會自動拍照或錄影。我並不是要指控有人喜歡蒐集和偷窺尿急健行者的照片，因為他們的目標其實是狍鹿、紅鹿，以及野豬的活動。只因影像資料上記錄著時間，而藉此獵人可以確認何時坐上獵台的投資報酬率最大，不必在漫漫寒夜中帶著打顫的牙關苦候，而能好整以暇地瞄準那些通常都會在同一時間點準時出現的動物。

這種野外相機增加的速度似乎有如多產的兔子，在網路上或在平價超市供應的短期商品中，都能以很低的價錢買到它——可以再高一點嗎？因為只要花不到一百歐元的錢，就能在所有的必經通道安裝這種裝置，然後像個多金的打獵老爺般監控大半個森林。「必經通道」意指一地因為有茂密的灌木叢、陡峭的斜坡或沼澤濕地，而使動物只能沿一狹窄小徑通行，沒有向左右兩側岔出的其它可能。假若在購置相機之外還有閒錢，專門用來吸引野生動物的鹽舔磚、野花草地或食物也會被列入考慮。提起必經通道，當你在這些區域內活動時，必定也會經過這些位置（有關移動的原則，人類與動物並無二致）；開滿野花的草地，同時也是暫停休息的最佳地點。而那隱藏在濃密枝葉邊緣下的相機，在你轉身背對空地，並認為能加以躲藏的同時，正毫不留情地把你納入鏡頭下。

覺得聽起來很誇張，甚至有點妄想症嗎？萊茵邦的資料保護專員埃德加．華格納（Edgar Wagner），早在二〇一四年時就不這麼認為。當時他明確有力的論述甚至吸引了大型媒體的關切，他們最後更意識到，很可能已經有十萬個獵人在樹上安裝了數量同樣可觀的裝置。[30] 後來鑒於森林是公共空間，而對此進行私下個人的監視是違法的，所以一旦有人在萊茵邦觸犯這條法令，會被懲以五千歐元的罰鍰。

不過這種現象有因此而改變嗎？可惜並沒有。而且我必須告訴你，自從這種野生動物相機開始盛行後，我總覺得自己是個「大人物」——隨時隨地都被監視著。做為一個林務員，我常安步當車走在森林裡，而對於每次的行動都會製造出一些影像這件事，我可一點都不喜歡。不過對另一種圈子裡的人來說，這或許會讓他們更不舒服：偷情的人。在我三十年的職業生涯中，也只曾當場撞見過兩對，而那真的也只是湊巧。一對野鴛鴦在聽到我走近的腳步聲時，就像被毒蜘蛛痛螫般地，從一輛車子後方的草地上猛跳了起來；而我根本只想過去看看是誰把車子停在那裡，這種「活捉」事件只讓我覺得既尷尬又抱歉。至於在奧地利科特納邦（Kärntner）的一個市長，命運就截然不同——他偷情的過程被一部野生動物監視器錄下且被人公開。不過現在他也不孤單了，因為在奧地利與德國境內，就有好幾個能跟他共享這種遭遇的倒楣鬼。

無論如何我都會很高興，如果這種監視設施的安裝能夠真正被禁止。畢竟在我們如此壅塞的環境裡，森林是我們最後的身心庇護所之一。

衣著指南

遠比顏色更重要的，是將自己的形體融入背景、化於無形。

戶外活動用品這一行正是興旺。只要看一下商品目錄，就會發現要決定買哪一條褲子、哪一雙鞋或哪一件外套，還真是困難。在沒有測試報告及評價之下，連我都覺得有點無所適從，即使人就在店裡試穿，還是下不了決定。然而為了避免完全錯估形勢，還是有幾項基本原則值得注意。其中最簡單就是：看看行家都穿些什麼。那些整天都在外面活動的人，應該最不能在衣著這方面做出錯誤的妥協。

你曾好奇為什麼林務員總是一身綠衣到處趴趴走嗎？如果在一百年前，答案很可能會是「因為盜獵者」。在我們森林裡的某些角落，至今還立著幾座孤孤單單的紀念碑，上面記載著我的前輩們與盜獵賊英勇搏鬥的事蹟；這些森林的守護者如今已安息地底，而他們壯烈成仁的地方則設置了這樣的記念物。因此一個良好的偽裝，在當時可能是關鍵。

不過今非昔比，如今的情況更像是顛倒過來：想要自我掩護的人，可能很快就要葬身在一棵倒樹之下——至少對林工而言。因為伐木是一種團隊工作，如果沒能看得到同仁，鏈鋸就會從錯誤的位置下手；因此所有的林工，都必須要至少透過安全衣上醒目的橘色布料，讓自己可以被清楚地看見。林務員則像獨行俠一樣，他們遊走在森林中並決定那些樹該砍。他們會在樹幹上以有色噴漆或紙帶做上標記，而當對象是較粗大的樹幹時，特別無法避免的是身體的接觸；這動作在沒什麼經驗的旁觀者眼中，看起來會很像在擁抱一棵樹。這種動作事後會留下一些藻綠色的痕跡，不過這在林務員橄欖綠的衣服上，幾乎察覺不到。

順帶一提，顏色對野鹿和野豬根本完全無所謂。那些認為綠衣的偽裝效果特別好，而且因此也有利於觀察的人，其實大錯特錯。遠比顏色更重要的，是將自己的形體融入背景、化於無形。你不能再以「大型動物」之姿出現，而應該以化整為零的小型圖案，來融入周遭的矮林及灌木叢裡。有著垂直斑紋的老虎，就是一個絕佳範例。

但是這麼一來，獵人在驅趕式的圍獵中就面對了一個兩難的困境：一方面依據法令他們是必須突顯自己的，也就說出現時要身著橘色這類具警示效果的衣服；然而另一方面，他們當然也想盡可能地看見並射中更多動物。而服裝業者嗅覺很是靈敏，兼具偽裝迷彩圖案及警示顏色的外套上市了。聽起來很瘋狂嗎？但效果可是好得不得了。我以前的上司，一位林務局的主管，就曾經在某次圍獵行動中穿了一件這樣的外套，結果他差點被一頭狂奔的公鹿給撞倒，這頭鹿似乎是在最後一秒鐘才意識到，橫在牠面前的不是一叢灌木。這種大型森林哺乳類動物是局部色盲的，牠無法分辨紅色與綠色或黃色的差異，而那件外套上呈現的迷彩圖案，使人在動物的眼中變得模糊，並融入四周的環境裡。唯一的例外是藍色，嚴格來說，野鹿、野豬，以及大部分的哺乳類動物只能分得出藍色及非藍色。所以以後你在購買「野生動物觀察專用夾克」時，在顏色上可說幾乎是任君挑選了。[31]

在顏色之外，另一個值得考慮的問題是質料。我個人並不是標榜著高科技透氣衣料夾克的擁護者，那層薄膜在隔離濕氣上雖然很可靠，卻經常不到幾年就出現破損。我比較中意的，是可以服役大半生的耐穿衣物；由棉花與人造纖維混織而成的質料，在科技觀感上已經是我的最大妥協，因為這種混織布料十分快乾、也很牢固，就算穿過一片茂密且多刺的灌木叢，也不會有什麼大礙；特別是如果外套夠厚的話，即使沒有防潮薄膜也不成問題，因為濕氣至少要一個小時才能侵入到皮膚。而在那之前，你多半已找到一個可以蔽雨的處所，比方說在一棵巨大的老雲杉樹下。

在真正惡劣的天氣裡，有時候連最頂級的健行靴都毫無用武之地。因為縱然有各種承諾與保證，水氣終究會在某個時候穿透它的防水膜；就如同防水夾克會遇到的問題，黏著在內部的那層織物，特別容易在彎曲皺折處破掉，因此在一段時間之後，厚重的濕氣便會從這裡進入，與那些不講究高科技的皮靴根本沒什麼兩樣。所以若不是得定期採購新鞋，就是下雨時要立刻換上塑膠雨靴，到底應該如何是好呢？塑膠製成的鞋子比較便宜，但在冬天時根本派不上用場，簡單說它們就是變得像石頭一樣硬，配上結了冰的地面，便化身為某種類型的溜冰鞋。另外，便宜的鞋款對雙腳也很不健康，因為它常常不如預期的合腳。天然橡膠製成的鞋子則比較好走，即使在最冷的霜凍天裡都還能保持柔軟有彈性，而且通常有個製工精良的鞋底。

至於褲子，我們在討論扁蝨時已經略有提及。它的布料應以淺色素面為佳，如此一來這種黑色的微小生物才能無所遁形。較淺的米色、橄欖綠色，以及所有類似的顏色在這裡都很適合，並且同時可以掩飾那無可避免地，一定會從鞋底噴濺到褲管上的泥巴斑點——我們畢竟希望在漫步森林後，還能走進一家餐館歇腳吃飯，而不被誤認為林妖吧？

說到這裡：要是覺得胃有點空虛，而森林裡正巧出現了一間營業中的小山屋，現在你大可直接殺進去點菜，不過在惡劣天氣及沿路爛泥的情況下，難免會留下讓《糖果屋》裡的可憐兄妹都嫉妒的痕跡。最慢在一個小時之後，卡在鞋底的所有泥巴會脫落在桌腳邊，有些醒目刺眼地散落在地板上，或更糟的是在地毯上。我算是比較常遇到這種狀況了，而每一次它都還是讓人非常尷尬不自在，即使餐館裡的員工對此還能幽默以對（或沒注意到）。因此最好的作法，是防患於未然地在森林裡時就把鞋子給弄乾淨。而這方面大自然很友善地提供了不少輔助工具，雨天時（也只有此時才會浮現這個問題）小溪與路邊的溝渠都蓄滿了水，你可以找個較平坦的位置來回走幾趟，讓水把鞋底的汙泥沖洗乾淨。即使是沒有防水層的皮製鞋子，也耐得住這樣稍微的浸泡，只要這個動作不超過一兩分鐘。

如果身邊並沒有流動的水，那潮濕的草叢或許也行。把鞋子在那上面磨蹭幾次（也別忘了反方向蹭掉鞋跟上的汙泥），即使不能像新的一樣，至少不會掉落數公斤重的泥塊。不過如果連這樣的草叢都沒有呢？在灌木叢上放膽地磨蹭過去也很有用，這裡四處散布的茂密枝條效果就像鞋刷。若是覺得這樣還是有失風雅的人，可以用一些苔蘚把最後殘餘的髒汙拭去，雨天時這種吸滿潔淨雨水的小小綠色軟墊，也很適合做為清潔雙手的濕紙巾。

森林就在我們家裡

如果更仔細端詳，還能見到這棵樹所有曾經的遭遇。

你可曾想過，自己現在正讀著這本書的地方，也曾經是片森林。我為什麼能說得如此斬釘截鐵呢？在人類開始翻天覆地改造整個地貌之前，幾乎沒有一處不見樹。稱得上例外的，就只有河岸地帶——洪水與浮冰總是反覆摧毀這裡原有的樹——或濕地沼澤，以及當然還有那位在高山森林線以上的少數面積。不過你應該不大可能在以上這些地方進行閱讀，因此我推測你正坐在一片昔日的森林裡。

我們的祖先將森林視為一種威脅，因為它幾乎無法供給人類食物，而且還讓逼近的敵人得以藏匿；不管是野獸或來者不善之人，你都只能在這兩者離你不到幾公尺時才能看見。所以清除掉這擾人的藏匿處，且同時取得大量的木材與耕地，還有什麼比這更好的因應之道？大約在一八〇〇年前後，這個目標達成了：大範圍的中歐地區，看起來幾乎跟草原沒什麼兩樣；而人類在演化史上，就是起源於這樣的生態環境中——這不是太好了嗎！

不過打從一開始，這種喜悅就夾雜了一絲感傷。因為我們的地表景觀失去的不僅是樹木，還有它的靈魂。生於這個時期的日耳曼畫家弗里德里希（Caspar David Friedrichs, 1774-1840），在他浪漫憂鬱的畫作中，就畫著彎曲多節的老橡樹，向天空舉著它光禿枯槁的枝椏。

而所有的森林都去向何處呢？它以樹木的形式進到了附近的鋸木廠，而且時至今日依舊如此。我們有超過百分之九十八的森林面積，是在定期的「經營管理」中，換句話說，樹木在這裡沒機會變老。撇開保護區的面積比例真的應該要稍微再高一些這點，利用木材並不是什麼該受譴責的事。這種天然材料為我們的房間帶來森林氣息，而當前木製家具的潮流，更不折不扣地反映了這點。過去那些被認為具有嚴重瑕疵的木材，比方說較粗大的枝幹在基部形成的木節、顏色變異、扭曲旋轉或甚至是蟲蛀形成的洞，今天則會被鎖定來加工生產。愈是具有以上這些特徵，書房裡的新書桌就愈原創、愈是獨一無二。有一種特別的打磨方式，還能突出年輪讓人可以觸摸，於是我們可以運用所有的感官，來體驗一個工作空間，而且如果更仔細端詳，還能見到這棵樹所有曾經的遭遇。

譬如一些短而細的條紋，在闊葉樹的樹幹上，我們通常只能隱約看見，在針葉樹上有時候則會因為滲入的樹脂而特別明顯。這是樹幹上有過裂隙的位置，曾經讓樹木感到疼痛並吃足苦頭，罪魁禍首多半是猛烈的冬季風暴，它在最強烈時能以等同於百噸拉力的威力，將木材扯得彎了腰。

如果將樹幹依縱向裁切成原木板，正常情況下生長的年輪，會呈現出井然有序的條紋狀排列。不過如果並非一切都如此平順，木板上就會出現漩渦狀圖案，那是樹木進行自我修復及補償的工作結果，目的是為了保持平衡。舉例來說，一棵幼年時期就長歪了的雲杉，之後能藉由在木質部的某一側大量增生以取得平衡。在這種情況下，裁切好的原木板中的年輪紋路走向，就會是歪斜的。不過有時候迫使它們胡亂生長的，也可能是因為受到傷害；一棵在狂風驟雨中傾倒的樹，就足以撕掉鄰近同伴的部分樹皮，並使它嚴重受創。為了阻擋伺機侵入且對木質部極具毀滅性的真菌，這棵遭受襲擊的樹，會試著透過特別快速的生長來癒合傷口。結果這裡會形成一團木質增生的疙瘩，而且依受傷情況而定，其規模可以非常大。這對一棵樹木而言很糟，對木匠來說卻機會大好：因為一塊桌面的紋理圖案，會因此特別豐富多變化。

枝椏基部形成的木節，也會透露出關於樹木生命的些許端倪。如果它與周圍的木質部顏色相同，代表著這根枝椏在樹木砍伐時是健康的，也就是還活生生的；它穩固紮實地長進樹幹裡，不管在視覺上（好吧，此事有關品味）或在堅固耐用性上，對木材都不造成干擾。不過有些木節看起來就不一樣了，它們要不是邊緣呈現黑色，就是在顏色上整體明顯較深；這代表著枝椏還在樹上時就已經死去，而樹木曾努力過要將它留下的缺口癒合。但是很常看到的情況，是缺口周圍新的健康的木質組織尚未長全，換句話說，這棵樹在完成自我修復工作之前，就被砍掉了。

假如木節由上俯看呈現環狀一圈，意味樹枝在這裡是以橫向環切的方式被節肢了。然而因為枝椏已死，這個部位與它周圍的組織並沒有緊密結合，因此在原木板乾燥化之後，它會以超出比例的方式嚴重縮水，然後從木板上整塊鬆脫掉落。結果就是大家所熟知的「木節洞」，從這個洞可以看穿木板；這種現象很有趣——只要它不發生在我們自己的家具和地板上。對於講究品質、走高價位路線的廠商而言，這是在生產加工過程中就會注意到的事，他們會以同樣樹種的木料填充這些洞，讓買家之後幾乎看不出絲毫異狀。

根本就找不到木節疤痕的原木板或家具，原料大多來自特別粗壯的老樹。它們老朽枯死的枝條早已脫落（那是一棵樹在樹冠以下所不需要的），而脫落處遺下的缺口，也早在幾十年前就已經被新生的厚層木質組織所包覆。這種被稱為「無木節疤」的商品，在市場上行情最是看俏。

依所選擇的木材而定，你甚至可以根據家具來判斷樹木的年齡。比方說，過去人們只喜歡淺色明亮且不帶斑點的山毛櫸木，其結果是樹齡一百四十歲以上的老櫸樹價值變低，因為它的木心會變成紅色。這種所謂的「紅心」現象，會讓一塊原木板看起來，從它在顏色上的偏離到有如火焰般的紋理，都與其它櫸木迥然不同。值得慶幸的，是家具產業界採取了許多林務工作人員的建議，自幾年前起開始以幾種不同的品名（例如：野山毛櫸木或山毛櫸心材）來銷售紅心山毛櫸木，而且還頗受市場歡迎。

這讓樹木有機會在森林裡多活個好幾十年，並有尊嚴地慢慢變老；黑鸛因此可以在它高大的樹冠上築巢，啄木鳥也才能這裡那裡地做點木工、鑿鑿樹洞。而且隨著年齡增長，總有一些老山毛櫸樹駕鶴西去，死木在這種較老的櫸樹林裡，比例也會比較高。所以如果有心助鳥類、昆蟲，以及真菌這些生命一臂之力，就該選擇由紅心櫸木或由老橡樹、百年冷杉及落葉松所提供的木材製成的家具。而為了讓提供這些木材的森林，能夠至少以近乎永續的方式來繼續經營，也可以像在購買柴薪時一樣，留意這些家具木材是否有FSC的認證標章。

如果能向在地的木工購買桌椅這些家具，就能發揮更直接有力的影響力。他們當中不乏手工藝界裡真正的明珠，我的新書桌，就是向一間這樣的小型木工坊訂製的，不過我得老實說，這其實純屬巧合——因為在那些大型家具連鎖店裡，根本找不到一張適合我個子（一百九十八公分）的桌子，沒辦法，為了保護我的椎間盤，這張桌子得特別訂製。碰巧一家小公司幫員工報名了我的一場研討會，而這家公司的名字引起了我們的興趣：木之風華，一間讓顧客從一開始就參與製作過程的木工坊。要選擇哪一種本地的林材由我全權決定，接下來木料的年輪紋理是要生動活潑，還是比較規律筆直？可以接受桌面上飾有許多木節紋路嗎？為了讓我可以更輕鬆地選擇，老闆甚至寄給我一部短片，藉著這部影片，我幾乎就像走進廠房，得以詳細評估我所選擇的樹幹。有關之後的工作進展，我也總能得到最新的訊息。而當這件製作精良的成品，終於被安置在我的辦公室裡時，我是滿心歡喜的，因為這張書桌遠超過我的期待。

當然，這樣的家具會比在大賣場裡看到的貴一些，然而透過它實木的製作方式以及不退流行的自然風設計，等於也得到了真正的傳家之寶。這種在東西或家具用完即丟的心態上的轉向，會進而使森林受益，因為如此一來我們消耗的木材會變少。而我們真的消耗很多！僅僅在德國，每年就超過一億五千萬立方公尺[32]，而這意味有這麼多樹被砍掉了。所以我們的森林面積早就無法滿足這樣的需求，根據聯邦統計局公布的數字顯示，德國本土每年砍伐的樹木，材積量不足六千萬立方公尺。相較於林業界宣稱要繼續再多伐也毫無問題，自然保護者卻認為這個數量對我們的森林已造成問題。

有一種很特別的樹，是以整棵的形態進到我們家裡來。更確切地說，就是在耶誕佳節前後。這個習俗可以遠溯至基督教之前的時代，像雲杉、松樹還有紫杉、冬青這些常綠植物，那時已被視為是春天再度降臨的象徵。依今天的標準來看，第一棵枝條上掛著餅乾糖果的耶誕樹，可能是出現在一四一九年，當時弗萊堡（Freiburg）的一個麵包師傅，把甜點裝飾在一棵雲杉樹上。[33] 這個習俗最終確立於十六世紀，不過主要是在富人階層之中；直到家家戶戶都立起一棵裝飾了蠟燭的針葉樹，那又是三百年之後的事。

倒是這些樹對此有何感想呢？我們無從得知，而且它們也表達不了什麼意見，因為當它們被固定在支架上時，早已一命嗚呼——至少在大部分的情況下。有些較具同情心的人會選購帶著「球」的雲杉或冷杉，也就是連根挖起的樹。而當節日終了，為了讓這棵小樹繼續活下去，人們會把它種在前院；我認為這麼做很令人動容，即使它的後果會像這棵樹的成長一樣，轉眼就壓在這戶人家的頭頂上。

不妨就留意一下有多少人家的門前，矗立著一棵巨大無比的藍葉雲杉吧！為何是藍葉雲杉？因為一直到一九九〇年代，它都很受喜愛。而那些重獲自由的小小耶誕樹，在此同時有些已經長到超過二十公尺高。現在這些樹變成了問題，因為它們在風暴中有傾倒的危險，對屋子也構成了威脅。於是人們不是得請來專門的公司將其砍除，就是將整件事拖延下去，讓樹（也就是整個問題）繼續變大。今時今日最夯的耶誕樹則是高加索冷杉（Nordmanntanne），可想而知在三十年後，我們就可以在許多人的花園裡，見到它們高大的身影……

至於那些小樹在我們的客廳裡又過得如何呢？好吧，它們其實是處於冬眠狀態，也就是並不活躍——完全就像刺蝟和熊一樣，以耗損最低能量的方式深深沉睡著。它們在夏天時所製造積累的能量，必須為隔年春天萌發新芽之所需預留起來。什麼時候該啟動這個機制，雲杉和冷杉會依氣溫的高低與白晝的長短來判斷。當兩者條件皆吻合時，就必然意味溫暖的季節開始了，這是百萬年來世代流傳經驗的保證。

只不過這一切都不再適用於我們家裡的起居室。為節慶應景的照明一直亮到深夜，中央暖氣系統或壁爐的加熱作用，則有如夏日暖陽；對一棵小小的冷杉樹而言，這等同於宣告冬天結束了，不過也就只有這幾天。最晚在一月中旬時，它又得來到戶外，並重新回到冬天裡，許多小樹有辦法克服這種極限三溫暖，強迫自己再度進入冬季模式；然而對不少個體來說，這種忽冷忽熱的變化是種災難，它們會死去，或者說好聽一點：再也沒機會長大。不過即便如此，至少它們也曾經得到活下去的一絲機會。

散步在森林・二月

一簇簇白色髮絲，是真菌結了凍的呼吸。

二月不是個可怕的月分嗎？至少當人置身於大自然之中的時候。林木一片光禿，天氣經常惡劣至極，而且因為氣候變遷，現在連雪都很少見。更常有的狀況，是連日不休的霪雨，讓地面變得無比濕軟泥濘，導致每一步都能在褲管上濺出一團爛泥。此時對春天的漫長等待，已達到人類耐心的極限，心情因此也盪到了谷底。然而這並不見得反映了此時森林的真實面貌，而更像是在冬季憂鬱的壓抑下扭曲的情緒。假若能提振一下精神，起身到森林裡去走走，就能夠體驗到這個總被認為既單調又蕭瑟的季節，一點都不無聊，事實正好相反。

就像苔蘚，它們生長在樹幹上較低的部位，也連帶包覆了支柱根。於是這個畫面看起來，就好像整座森林的地面都被綠色章魚大軍給占領，從它們中間則冒出了一棵棵的樹木。也正是在這個時節，那棕色的落葉、灰棕色的樹幹，以及亮綠色的苔蘚絨墊之間，顏色對比尤其強烈。白色相對的則只能在降雪時看到，不過在非常特定的天氣狀況下，有種神祕的生物也會跟著出來湊熱鬧，在那些散落於地面的腐朽枝條上，幻化出一簇簇白色髮絲。那是真菌結了凍的呼吸，就是它製造出了這種「髮冰」。真菌分解木頭並把它加以消化，而且就像我們一樣，也會排放出水氣、二氧化碳，以及其它有機化合物。這些一旦遇到外界的冷空氣便會結凍，並不斷被之後呼出的物質繼續往外推，直到薄如蟬翼、細如髮絲的冰束成形。如果將其拿在手中，它們會瞬間一起化為幾滴小水珠。

真菌在結凍的木頭上毫無用武之地，因為它們也跟著凍住了。因此只有在氣溫略低於零度，且木頭內部還維持在冰點以上時，你才能見識到這種髮冰。

有些灌木此時已從冬眠中甦醒來進行新的活動，例如榛果樹。它的雄花有如一條條垂掛在枝椏上的小尾巴，而其散播的花粉，就是有些過敏症患者爆發每年首波花粉熱的罪魁禍首。相對於還在睡夢中的闊葉樹，針葉樹卻已蓄勢待發，在它們緯度很高的北方故里，它們必須把握短暫的生長季中比較溫暖的每一天，也因此它們的啟動機制，要比那些闊葉樹同仁要早許多。我們從外觀上幾乎辨識不出有什麼異狀，因為它那之後會抽出新枝的葉芽，根本還閉合著；不過如果恰巧經過一處最近剛伐木過的地方，倒是值得去看看那些殘餘的樹樁。天氣較暖時，那些木材切口邊緣會擠出小滴樹脂，這顯示樹木已將水氣打入木質部，而這種新鮮的水分，總是標記著新生長季的開始。樹幹內部的此種壓力，會在三、四月時繼續攀升，即使帶雪寒潮又來了記短暫的回馬槍，也不能使它中斷。有鑑於此，糖楓樹的樹液也總在這個時節進行採收；一旦新的枝葉萌發，這股壓力就會跟著減弱，樹幹內部也會變得比較乾燥。

此外鋪在大地上的那層厚厚的雪毯，現在也在慢慢消融中。這對樹木再好不過，因為如此一來那緩緩下滲的水，就能被長久儲存在土壤中。一直到夏天，整座森林都可以倚賴這座水源，即使乾旱再度來襲也不怕。

時至二月，我們本土的鳥兒在尋找伴侶及捍衛領域上，也會變得更加活躍。尤其在快到月底前，你已常常可以聽到啄木鳥四處大張旗鼓的敲擊聲，這是牠吟唱且告知競爭者這個角落「有人！」的方式。野兔此時也會春興大發，這種感覺有時候甚至在一月就已開始。雌兔的品味刁鑽，能入眼的無非是最佳拳擊手；雄兔間的格鬥則是火爆激烈無比，有時候仔細觀察，還會發現四處散落著扯掉的毛髮。

散步在森林・五月

一場艱困的生死存亡之戰，才正要開始。

這個時刻終於來臨了，闊葉森林再度一片蔥綠。一首老歌所描繪的「樹木齊發芽的五月」，至少在中海拔山區「還」算正確；因為在氣候變遷之下，這個時間點在地勢較低處早已往前推移到四月。

對樹木而言，長出新葉是種亟需能量的行為，幾乎足以耗盡它在前一年夏天所積存的所有氣力。也因此它會小心翼翼地等待真正的春天來臨，並只在寒冬不可能重返的情況下，才開始萌發新芽。不過樹木也有糊塗的時候，而且正是在那些地勢較高的地方，有時候一直到六月都還可能降霜；於是所有新生的綠葉會蔫黃無力地垂掛在枝條上，對山毛櫸及其它類似的樹木而言，一場艱困的生死存亡之戰，才正要開始。一切必須徹底重新再來，然而並非每棵樹都儲備了如此充裕的能量，可應付連續抽出兩次芽。

無論如何，樹木在這個時間點都是敏感的。有特別多的水會被往上輸送到它的主幹中，在這之前的幾個星期裡，也就是三、四月時，那裡面的壓力是如此之大，甚至如果用聽診器靠在樹皮上，就能聽到汩汩流動的水聲。這個綠巨人到底是如何把自己灌滿了水，至今還是沒有最終的答案。蒸散作用、滲透作用、毛細管作用……所有的這些，都不足以解釋這種現象。由於大量的水分使樹皮不再那麼固著在木質部上，春天的樹木因此也特別容易受到傷害。基於傷口原本就非常潮濕，真菌和細菌更會以迅雷不及掩耳之姿，在這裡定居下來；這使傷口的痊癒變得特別困難，因此千萬不可在春天修剪自家花園的樹。那些在三月或四月修剪過的闊葉樹殘枝上，會流出許多樹液，俗話說「樹木在流血」可是完全正確。

官方對聚落範圍以外地區所發布的每年三月開始的木本植物修剪禁令，所要保護的與其說是植物，不如說是鳥類。立法的人想要藉此避免鳥類在哺育期間受到驚擾，商業性林業可不受此法約束，然而也正是它所造成的傷害最大。每年都有成千上萬個鳥巢淪為伐木的犧牲品，當雲杉和松樹被鋸倒時，那隱藏在難以一眼看穿的樹冠裡的育雛小站，也立刻跟著糟殃。基於利益，這樣的連帶傷害是會被容忍的，如此一來也才能「及時」照顧到鋸木廠的原料供應。

五月初，森林地面的某些角落會鋪上一層花毯。在德國所處的緯度帶，一座天然林對開花植物根本就太暗了，山毛櫸樹與橡樹葉茂枝密的樹冠，只能讓百分之三的餘光穿透——這並不足以讓大部分的草本植物存活。然而春天還是有一段短短的時間空檔，來讓這些小矮子有機可乘。如果三月終了時天氣轉暖，櫟林銀蓮花（Buschwindröschen）、榕葉毛茛（Scharbockskraut）和熊蔥（Bärlauch）就會從去年秋天留下的枯葉堆中，探出它纖弱柔嫩的芽來。這些所謂的「早春花」手腳必須很快，發芽、開花、結果，以及為隔年春天儲存預備能量，在這森林底層的光線再度變得太暗之前，一切都得完成。那些高大的樹木都還沉睡著，要一直到四月底才會慢慢甦醒，等它們頭上那片綠葉繁茂的華蓋終於闔上時，會是在五月中旬。所以這些繽紛多彩的生命用來完成所有任務的時間，其實不到兩個月；相較之下，其它植物則享有一整個夏天充裕的時間。從這個角度看，櫟林銀蓮花這些植物還真是森林裡的短跑健將。

在這令人歡欣鼓舞的五月，連大蟲子都要從地底下現身來同慶。就像粉吹金龜（Maikäfer），牠白白胖胖的幼蟲會先在地底下蟄居三到四年，以讓守林員十分頭痛的方式四處啃蝕著樹根，直到牠們終於化為蛹，然後以成蟲之姿在地底深處過冬。這種具飛行能力的昆蟲，之後會繼續在樹冠上開吃，當其大量繁殖時，甚至能將整座森林的綠葉都吃光抹淨。還好這樣的損害對森林並不是永久性的，六月底時它們便會再次抽出新芽。

多年來粉吹金龜總被認為是罕見昆蟲，甚至面臨滅絕的威脅，雷恩哈德梅*在一九七四年時，還唱出了「再也沒有粉吹金龜」這種歌詞。如今人們知道了，這種動物除了有一種相應於幼蟲發展階段的四年週期之外，還具有另一種以三十至四十五年為週期的現象——會以如此漫長的時間間隔反覆發生的，是牠們每次的大規模繁殖。這種現象會因疾病再度崩潰中斷，並在之後讓人覺得牠們幾乎全面消失了。過去的粉吹金龜，不只是以牠那會吃光果樹葉子的本事讓人聞之色變，沒錯，牠也被視為是一種珍饈而備受喜愛。直到二十世紀的人們，還以生食、熱炒及水煮等各種方式把牠吞下肚，糕點師傅甚至把這種富含蛋白質的小蟲裹上糖粉，當作甜點來賣。對吃蟲子這件事比較敏感一點的人，則至少也把這大地的恩賜當成免費的雞飼料，我的父親對此就還記憶深刻。

體型更大的是稀有的鹿角甲蟲（Hirschkäfer），牠們神祕且隱蔽地生活在朽木之中。其幼蟲以咀嚼鬆脆易碎的木頭為樂，在經歷結蛹、羽化，並以儀表堂堂的迷你版紅鹿之姿公開現身前，可以在木頭裡度過三年的光陰——有時候甚至可以到八年。成蟲後的鹿角甲蟲只能活幾個星期，牠們主要的任務，其實也只是交配及產卵。

雄蟲那對原本具有咬噬功能且形如鹿角的大顎，如今唯一的作用就是與對手打鬥。不過這驕傲的戰士並不危險，牠完全不會咬人，頂多只會忙著舔樹液，那是從雌蟲（這可就會咬人了！）在樹皮上製造的小傷口中流出的。雌蟲在交配之後，會把卵產在快要死掉或已經死去的樹木的根部，然後牠的生命便會告終，進入甲蟲的極樂世界。鹿角甲蟲因仰賴腐木為生，而被認為生存嚴重受到威脅——在今天的商業性經濟林中，幾乎沒有腐朽的橡樹與其它闊葉樹的位置。不過具替代性的庇護所是有的：木頭籬笆或死掉的果樹殘樁。所以如果你的花園裡有像這樣的東西，為了這些小傢伙的生存，或許可以將它保留下來。

這種動物，能夠讓我們好好地看清一次自己主觀視野的盲點——當幼蟲階段幾乎構成了鹿角甲蟲百分之九十九的生命長度，我們不是應該最好能根據這段時間的狀態，來將牠命名嗎？或許難就難在，我們看不到幼蟲階段的牠，而只能看見牠繁殖季的短暫形態。這讓理解牠變得更加困難，甚至還會引發不必要的同情心——就像對朝生暮死的蜉蝣一樣。蜉蝣同樣是為了交

——譯註——

＊雷恩哈德梅（Reinhard Mey,1942-）生於柏林，自一九六〇年代晚期起便是德國廣受歡迎的歌手及作曲家一，擁有許多家喻戶曉且傳唱度很高的作品。

配才飛行到空中，在此之前，牠有長達一年的時間，是生活在小溪與小水塘中；我們常為牠短暫的生命感到遺憾，雖然就昆蟲而言，牠其實相對起來已經夠老了。

順帶一提，大量繁殖的昆蟲「聽起來」真的能讓人毛骨悚然。這種可怖的景象，我就曾在轄區的一片橡樹林裡遭遇過。那片森林被一種名叫綠捲葉蛾（Eichenwickler）的綠色小鱗翅目昆蟲給入侵了，數以百萬計的毛毛蟲，沿著剛長出的新鮮綠葉的邊緣，一口接一口地啃食著並消化著。吃得多自然也就拉得多，在一隻綠捲葉蛾的情況下，那只是一顆小不隆咚的屎球；但如果是一群毛蟲大軍，就會是成千上萬顆的屎球，撲天蓋地毫不間斷地掉落。那聲音讓人聯想到劇烈的降雨，不同的是，有可能連續一整個星期都聽到這個聲響。可想而知，一場穿過這樣的一片橡樹林的散步，應該不會特別讓人之後胃口大開。

散步在森林．八月

相較於這裡還活躍著蓬勃的夏日生機，森林萬物卻都已經在準備著要迎向冬季。

令人昏昏沉沉的夏日高溫炙烤著樹梢，看起來精疲力竭的，似乎不只是那些健行者，連樹木也是。這種感覺並沒有錯，山毛櫸樹、橡樹及其它同類，的確已經慢慢地在為冬眠做準備。藉著光合作用，它們已經將樹皮下及根部裡的能量儲存空間塞滿，幾乎可以萬事俱備、安全無虞地迎接隔年的春天了。這些樹的葉子，可說是季節限定的一次性產品，也早已傷痕累累、千瘡百孔。那上面記錄了昆蟲留下的痕跡，就像山毛櫸象甲蟲（Buchenspringrüssler）這種小滑頭。

這種象甲蟲會把卵產在山毛櫸樹的葉子上，而牠的幼蟲則會在那上面啃出一條條像蛇一樣的紋路。這些部位之後會變成棕色，於是一些受害比較嚴重的樹，從遠處看起來根本就不是清新的綠色，而更像是橄欖色。成蟲之後的象甲蟲，會繼續在牠還是幼蟲時就已造成禍害的地方搞破壞，將那一片片綠色的小遮陽傘上啃出洞來。之後這些葉子看起來，會好像被一個小矮人用霰彈槍掃射過一樣。

如我們在〈森林求生之道〉一章所見，雲杉的形成層只在七月初以前才容易剝離，因為在那之後，樹木會慢慢地把液體從組織裡抽回。它會變得比較乾硬且較具纖維，類似的情況也能在葉子上觀察到——它們失去了柔嫩的翠綠色，取而代之的則是一種偏黃的色調，好似它們已經喪失氣力，正發出某種疲倦困乏的信號。

而炎炎夏日的高溫，有時候還會更增強這種效應。在雨量偏少時，許多樹木便以脫落掉一部分的葉子來因應；我家旁邊的樺樹，就經常在七月下旬時這麼做，以確保剩餘的綠葉可以在樹上留到十月。櫻桃樹與花楸樹則常常在八月時就已經吸收了大量的日照，並生產出許多糖分，它們的能量儲存器官都已滿載，也因此必須停止充電模式。然後它們的葉子會轉紅，而且一直到隔年春天之前，都以省電模式來進行新陳代謝。

此外，似乎連鳥兒也都慢慢變得無精打采了。至少你很難再聽到牠們輕快有趣的鳴唱，或啄木鳥叩叩叩的敲擊。一般說來，森林的鳥種本來就安靜些，像歐鴿（Hohltaube）所能發出的聲音就真的很有限，牠的體型與斑尾林鴿（Ringeltaube）相近，只不過頸部少了道白環。不同於一般鴿子「呼呼——呼烏」的叫聲，我們從這種生性膽怯的林鴿身上，只能聽到一聲靦腆害羞的「呼——」。不過時至八月，似乎連這聲輕呼都不再必要了，因為孵育期已經結束，牠們不再有以聲音發出信號的需求。基於同樣的原因，啄木鳥的敲擊聲此時也消失了。許多林鳥一年只能孵育一次幼雛，因為與昆蟲或果實有關的食物來源，在這裡完全是季節限定，而它們的最大供應期，在晚夏時分已經終了。

對此你覺得驚奇嗎？許多開花植物這時候都還是花團錦簇，與此相應的還有那蜂擁而來的昆蟲。黑莓的藤蔓上此刻也正果實纍纍，這應該還維持得了林鳥的哺育大計，不是嗎？然而這種呈現在我們草地上及灌木叢中的富足現象，其實是草原生態的典型特徵——即使它們是人為造成的；相較於這裡還活躍著蓬勃的夏日生機，森林萬物卻都已經在準備著要迎向冬季。

那些春天時還在新鮮嫩芽上到處吸吮且為數以幾十億計算的芽蟲，現在幾乎已消聲匿跡；甲蟲與蠅類的幼蟲，更經常早已破蛹成蟲，牠們藏匿於鬆脫的樹皮下或地面的枯葉層裡，在逐漸拉長的樹影中準備冬眠。也難怪這時候的鳥兒沒有機會再大快朵頤，想要再蘊育一次新生命，牠所能攝取到的熱量，簡單說就是完全不足。這也是為什麼晚夏時的森林，相較之下是安靜的；我自己也很常在導覽中被問到，為什麼胡默爾鎮的鳥類這麼少。

有點矛盾的是，在那些伐木後留下的光禿空地上，情況看起來截然不同。我們在這裡遇到的情況會更類似草原，只要是樹木被清除掉的地方，開花植物就會開始擴散繁殖，像毛地黃和柳蘭這些生長茂盛的多年生草本植物。它們以帶著紅花且高度盈尺的花莖，引來蜜蜂、熊蜂，以及其它也吸吮花蜜的昆蟲。於是在這裡，鳴禽也還能找到充足的食物，牠們一季甚至經常可以繁殖三次，相較之下聽得到牠們鳴唱的時間，自然也就較長。

散步在森林・十一月

從那些遭到遺忘的藏匿點中，就會在春天抽出一簇簇的綠色新生代。

樹木抖落了一身茂葉，天空塗抹著一片濕灰，從枝椏上滴落的，則是冰冰冷冷的雨水。有誰會喜歡在這種天氣出門散步呢？其實這還是值得一試的——如果你知道森林裡有什麼事正在發生。

比方說，以「流動的陽光」來稱呼它也不為過的降雨，對森林是一種攸關生死的存在。然而德國所處緯度帶的夏季雨量實在太少，或者反過來說：樹木消耗的水分實在太多。一棵成年的山毛櫸樹在天氣炎熱時，一天最多可以從地底下吸取五百公升的水；而且即使有劇烈雷雨，在水分上的補注對這個極度乾渴的巨人還是遠遠不夠。因此它們必須好好地先把蓄水庫給裝滿，而且是在冬季。所以每當冬雨下得太多時，你只要想著樹木可以藉此把水箱加滿，或許就會感到比較安慰。

儲存在一棵樹木根部四周土壤微小毛孔裡的水分，可以有二十五立方公尺那麼多。至於那些有著巨無霸輪胎且重量最大可達五十公噸的現代伐木機，是如何將這個地下水箱以一種無法挽回的方式碾平，我們接下來甚至有幸親眼目睹——整座森林之後會布滿小水坑。而這種現象除了在少數潮濕低地之外，根本完全是違反自然的。也就是說，一整個星期連續降雨所帶來的過多水分，通常會往下移動並轉換成地下水；而這個過程，可以持續好幾十年。

順帶一提：當雨水往下流動時，不僅僅是滲入土壤的氣孔中。沒錯，因為地底下還有一種「非天然」管道系統，比較特別的是，這並非由人類、而是由蚯蚓建造而成。牠們勤奮地在土壤圈內四處挖掘，然後完成一種有黏液鞏固內壁的地道系統。藉由這些地道，蚯蚓能夠以一種對自己而言相對迅速的方式，活動於地底世界中。不過常常還是不夠快，鼴鼠會緊追在後，撲向這可以有一根鉛筆粗的小傢伙，把牠當成柔軟多汁的點心一口吃掉。而且當鼴鼠吃不完自己所捉到的蚯蚓時，會先在牠身上咬一口使其失去行動能力，然後再把牠儲藏在肚子裡，做為活生生的存糧。聽起來不怎麼美妙，對蚯蚓而言當然也是這樣。

而且事情還不只如此。你曾問過「Regenwurm」（德文的「蚯蚓」，直譯成中文則為「雨蟲」）這名字是怎麼來的嗎？答案並不困難，畢竟我們只會在連續降雨不休的天氣裡看到這種動物。而在陰霾多雨的秋日裡，那樣的天氣經常把周遭的風景變成一片沼澤泥濘。如果你不怎麼喜歡這種天氣，那你可一點都不寂寞，因為「雨蟲」也痛恨下雨。雨水會流進牠的地下公寓，只要牠逃得不夠快，無法往上爬到新鮮的空氣裡，就會慘遭滅頂。然而逃到地面上並不代表已逃過一劫，只要走錯方向，來到一窪小水塘裡，牠還是躲不掉自己原想擺脫的那種命運。因為被碾壓得很密實的土壤，使林道上積水不退、處處水窪，於是當遇到這種天氣時，就會變成無數蚯蚓的「海葬場」。

另外，此處我們可以稍微偏離一下主題，暫時再回到森林及田野求生上，因為捕捉蚯蚓是打獵之外的一種真正的選擇。而且不僅是在天候不佳時，沒錯，即使是陽光普照的好天氣，也照樣能把牠們引誘出來。只要把一根棍子插在土中，並在那上面四處敲打，就能夠製造出一種類似雨滴的輕微振動效果，不到幾分鐘內，第一批蚯蚓就會爬出洞來。能夠達到同樣效果的另一種方法，則是在一處的地面上反覆行走。蚯蚓的味道嚐起來像雞肉，撒點鹽炒一下，這樣的一餐也沒什麼好抱怨的了。至於蚯蚓的數量，在每平方公里的範圍裡可以超過一百公噸；所以說在德國這個緯度帶，即使面臨災荒也沒有人會饑餓而死。

讓我們再回到十一月，秋天是蕈菇的季節，而且通常在晚夏時分，當猛烈降雨在漫長的乾燥期後滋潤了森林大地，第一波野菇就會正式起跑。不過這些顯然都是急性子的代表，它們無法等到真正開跑的那一刻——而這一刻落在秋天，在第一段較長的雨期登場時。此時真菌的繁殖會安全許多，因為它的蕈蓋能維持較久。再者，即將進入冬眠的樹木還剩餘許多糖分，真菌也能利用它來形成外型飽滿的子實體——熱愛品嚐這種天然美味的不只是我們人類，還有野豬。不過這全身灰撲撲的小挖土機，此時的最愛是富含油脂與澱粉的堅果；在某些年分裡，橡樹與山毛櫸樹會以驚人的數量來滿足牠，連野鹿此時也會大快朵頤、終日飽食。牠們會抓緊機會，迅速地再吸收更多熱量，以增厚自己的皮下脂肪層。當嚴寒的冬季來臨，動物們會把新陳代謝的速率往下調降好幾檔，在皚皚白雪下一處可遮風的隱密樹叢中，安靜沉睡度過冬日。

我們還可以觀察到老鼠、松鼠及松鴉在秋天時，是如何把自己那部分的收成搬運到安全處，並如何設置地下儲藏庫。相較於松鴉之後可以準確地從中再次找回一萬顆之多的種子，松鼠似乎有時候就健忘得多，而從那些遭到遺忘的藏匿點中，就會在春天抽出一簇簇的綠色新生代。

童趣森林行

只要讓他們隨心所欲，孩童會是一種容易取悅且懂得感激的森林訪客。

就以一小顆圓圓的樹脂口香糖來起個頭，你覺得如何？這種方法，是我一九八四年在瑞典當實習生時學到的。在一趟周遊瑞典南部的見習旅行中，我們參訪了一些以大型機器來展示生產效率的森林企業。我們每次都會拿到一堆資料，而有一次其中就夾了一份長條形的折頁，上面描述的則是雲杉口香糖。這家公司能從轉發這種資訊中得到什麼，我無從得知；可是這樹脂口香糖做起來幾乎不會失誤，更是一趟健行活動中的高潮，同行中的孩童都可以跟著一起做。

首先，當然需要有雲杉或松樹。而因為在我們的經濟林中，碰巧就是這兩種樹最為常見，所以一棵合適的樹應該不會有多難找。所謂的「合適」，指的是樹木必須能夠分泌樹脂。樹脂是樹木的血，跟我們人類一樣，樹皮或皮膚受傷時也會流血。不過倒沒有必要只為了得到口香糖，就把選中的樹劃傷；而且這麼做也只是徒勞，因為我們所需要的，是一種特別的樹脂。應該要清澈透明，稍微有點硬化，而且分量至少要有指甲那麼大。如果有一小團樹脂吻合了以上的條件，就可以把它放進嘴中，含著讓它慢慢變熱；在這過程中，也要不斷地小心測試，看看是否已經能用牙齒稍微咬嚼一下。

如果太早用力咬了，這一團樹脂會裂成小碎片，而整個行動將前功盡棄，必須從頭再來；如果選中了不適宜的、上面已經龜裂的乳狀樹脂，會在你的嘴裡粉碎如塵，並讓你吃足苦頭——這裡真的就是字面上的意思。即使一切都進行順利，也就是說當這團小東西慢慢變得有了咬勁，而且也愈來愈能讓你的臼齒塑形，它還是會先釋放出一些帶著苦味的成分來。把這苦澀的味道吐掉——我知道這聽起來或許有點噁心，不過此刻既然置身在森林裡，除了家人與幾隻小鳥外，應該也不會有人盯著你看。假如它的味道慢慢變得可以接受了，這一小團樹脂，也就成功地轉化成顏色粉紅且帶著嚼勁的樹脂口香糖了。

它不黏牙，而且在孩子們渴望能做些活動的同時，根本就是個意外的小驚喜。不過如果你在應該尋找偏硬且透明的材料時，遷就於不適合且還太軟黏的樹脂，那可要敗興而歸。因為在咬嚼時，這團黏乎乎的東西會頑強地黏附在牙齒上，尤其是落在牙縫的部分，更能讓人「回味」良久。如果不想再嚼這口香糖了，把它就地處理掉也是理所當然——或許你就乾脆再把它黏回樹上。

只要讓他們隨心所欲，孩童會是一種容易取悅且懂得感激的森林訪客——特別是在把自己弄髒這點上，不同於我們大人經常認為骯髒令人反感或噁心。而像油漬、顏料、煤煙、灰塵或寵物糞便這些文明的髒汙有礙健康，因此必須儘速從衣服或手上除之而後快；相反地，泥巴或腐敗的有機物碎屑，還有雨天時樹皮上那層濕濕滑滑的、只要稍微一靠就喜歡附著在我們夾克上，且完全近似海裡綠藻的綠色藻類，都不是會危害我們健康的東西。然而人卻會在內心築起一道防線，而這阻礙了我們與大自然過分親近；我在某次與幾個有家庭問題的青少年一起散步時，就確認了這點。

穿著白色球鞋且手機不離身的他們，壓根兒就不想踩進森林來。而為了不在林間走動時滑倒，他們手上大多握著從地上撿來的枯枝以充當手杖。然而不是徒手握著，讓我訝異的是他們抽出了面紙，然後隔著它抓住棍子。不過在胡默爾鎮待上兩天之後他們就變了，我把一些求生訓練課程的內容排進他們的活動中，而這些女孩和男孩後來反而在比賽吃天牛的幼蟲。

所以唯一要緊的，是讓孩子穿上即使弄髒也無妨的衣物，然後大家就可以出發上路了。

接著，不妨玩一下「樹上的臉譜」這個遊戲，只需要一塊樹皮，在那上面糊上一份有點稀的爛泥，拿根小棍子當畫筆，就可以在樹幹上畫上眼睛、鼻子和嘴巴，然後一轉眼大半座的森林裡，就會充滿滑稽逗趣的人物的身影，而這至少可以維持好幾天（直到下次散步時？）。

或者可以和孩子們打個「樹木電話」？這只在短距離內有效，可是也因為如此才更加重要——至少對那些把巢築在樹幹高處樹洞裡的鳥兒來說。在這裡雛鳥最可怕的天敵是松鼠或鼬，這些小脊椎動物會順著樹幹往上爬，然後用牠帶著銳爪的前足，把那些無助的幼雛鉤出來。如果你是親鳥，要如何反制呢？能夠做的其實很有限，但至少還存在著一絲希望——牠可以撲向攻擊者並勇敢放手一搏，期待一絲的可能性，敵人或許會因為不堪其擾而放棄攻擊。

不過有時候這些掠奪者也會把目標鎖定在沉睡的成鳥身上，而牠在遇到危險時是有能力直接飛走的——前題自然是無論如何都要有一道及時的警告。這道可靠的警訊，是透過樹木電話來傳遞，也就是樹幹。木頭是傳導聲音的絕佳介質，這也是為什麼許多樂器都是以木材製成；而松鼠與鼬在老樹這個巨大的樂器上所彈奏的，是死亡之歌，而且是以牠們的利爪——這些爪子在向上攀爬時所發出的刮搔聲，會經由樹幹直抵樹洞，清清楚楚地讓鳥兒聽見。這至少讓鳥兒爭取到幾秒鐘的時間，以火速因應危機。

小孩子能從一根平躺的樹幹，來理解電話（也許更像警報器）的運作原理。他們可以跪在樹幹的一頭，並把耳朵靠在樹皮上；你則坐在另一頭，用一小塊石頭以摩斯密碼來送出訊息，然後讓孩子們說出聽到了多少敲擊信號。更貼近現實一點的，是當你以撓刮的方式替代敲擊——這樣你的孩子聽到的，會是與雛鳥相同的警告。

一趟健行中最美好的時刻就是休息，尤其是當有孩子同行時，更不該輕忽休息的重要性。我在多次與小學生同行的旅途中，確認了參照學校日常作息來排定時間並加以遵循的必要性。每當我因為太熱中於與他們進行某種實驗或遊戲，而延誤了宣布休息的時間，這些小朋友很快地就會無法專注、精神渙散，更有人會開始抱怨哀號。只要休息夠了、肚子也填飽了，就可以用一種全然不同的東西，來贏回他們注意力。例如，何不在森林裡來點音樂？我所說的並不是鳥的鳴唱，或風在樹冠間的沙沙作響，而是「真正的」音樂。你認為這干擾了森林的自然氛圍？且慢，其實我現在所建議的，除了自然之外與所有其它都毫不相干。

就讓我們從最容易學的一種樂器開始：一片山毛櫸樹的葉子。當你把兩根大拇指靠在一起，它們之間便會出現一道縫隙，現在把樹葉夾在第一和第二指關節間（從指甲算起）並拉緊，你的第一個森林樂器就完成了！而其演奏的方式，就是把嘴唇緊壓在拇指的指縫上用力吹。以這種方式製造出來的聲音，會讓人想到有點尖細嘶啞的哨音，而且可以相當響。透過吹的力道大小，你還可以改變一點音調的高低以及嘶啞的效果，所以說它已經具備有演奏音樂的可能性。

像這樣的曲調，其實在夏天的森林裡經常聽到，只是吹奏者換成獵人。在他們的行話中，這很合理的被稱為「Blatten」（以樹葉吹奏之意），而它的作用，是要騙過那些為愛瘋狂的公鹿。這種哨音如果由行家來吹，聽起來會很像發情的母鹿在渴望親密關係時所發出的呼聲。年輕氣盛的公鹿對此的反應特別激烈，因為這等好事通常根本輪不到牠們。

一直以來，野鹿的領域都是由年長者來當家，而牠的眼裡，一點情敵的影子都容不下。因此一旦這銷魂的呼聲傳來，有時候就會有莽撞的小子想碰碰運氣，於是將所有的小心謹慎都拋諸腦後。對獵人而言，這時候接下來的行動就是舉槍射擊，然而我們擁有的機會卻美妙得多——因為可以近距離地觀察放鬆自在的野生動物！

為了達到理想的引誘效果，這樣做很重要：一開始只發出幾聲短暫的信號，然後停個幾分鐘；如果一直沒有公鹿現身，可以吹得更急迫一點。這麼做的目的，是要把那些原本猶豫不決的追求者的渴望也喚醒。還是不知道怎麼做的話，也可以找一下網路上的說明來參考，而且就像所有的樂器一樣，只要多練習就會熟能生巧。

在同性質的活動中，還有第二種樂器可選：澆水壺。我們可以用它來引誘野鹿一起玩場對抗賽，不過條件一，當然是必須身在一個野鹿族群分布的區域裡，若欲得知一地是否有野鹿出沒，http://rothirsch.org/[34]這個網站的地圖裡就有答案。條件二是時間點，必須是在九月到最晚十月中之間，這是野鹿的發情期。這段期間公鹿身邊會妻妾成群，牠會護衛著女眷以驅趕情敵，而且為了儘量讓聲音傳遠且獲得尊重，牠會撕心裂肺地大聲吼叫。這種嘶吼的呼聲被描述為「Röhren」（鹿交配時的嘶叫聲），而它聽起來的確也很像是透過一根「Röhre」（即管子）來呼叫。在這裡我們的澆水壺要上場了，它的壺嘴就是一個管狀物，而它的容器本身就是絕佳的音箱。欲知要模仿的吼叫聲到底聽起來是如何，最好先去聽聽現場版本——只要自己所在的地區真的有野鹿，應該就至少可以聽到本尊從遠方傳來的原音。把嘴唇靠在壺嘴上，並使勁喊出一個嘶啞且盡可能低沉的呼聲——一隻人造鹿就這樣誕生了。而且即使得不到真正的回應，至少其它在森林裡散步的人（或自己的孩子）都會被逗樂。

不過老實說，以上這幾種器具，都不適於演奏一般定義下的音樂。如果真的想演奏一曲，大自然還是能提供一些選擇——譬如像柳樹枝條做成的笛子。打從我小時候與家人和其他家庭一起共度幾天的健行假期時，我就認識了這種笛子；人居然可以用這麼簡單的方法，變出這麼棒的玩具來，這讓小小年紀的我驚奇且著迷不已。

它的作法如下：首先需要一把隨身小刀及一根綠色新鮮的柳樹枝條，這根柳枝要有指頭粗，十到十五公分長，樹皮光滑，沒有橫生的細枝與其它缺陷。小心地在中間的樹皮上環切一圈，深度到木質部為止，不過這時在之後要當吹嘴的那一端，還少了一個像直笛氣孔那樣的切口。對此要先在離末端約一公分的地方橫切樹皮一刀，然後再以深及木頭的一刀，由下往上平削到剛才橫切的位置。接下來要做的，是幫剛才加工過的這部分的柳條「剝皮」，而且是將樹皮以完整管狀的方式拉出來。要做到這點，先用刀柄敲打樹皮即可（力氣不必太大，我們可不是要把它打壞）；跟我們同行的那個家庭的爸爸在做這個動作時，總會同時像轉經輪似地反覆頌念著「一、二、三，種子啊，熟了吧」這句話。要是你想以「傳統」的方式來進行這個遊戲，或許可以參考參考……

剝樹皮在早春最容易進行，特別是當樹木內部有許多水分在輸送時，如果沒有遇到這個時候，也可以先將這段柳枝放在嘴裡潤澤一下，然後再繼續敲打。如果樹皮已經抽離出來，便能從少了樹皮的這段柳枝上，鋸下兩公分長的一小塊，在一側平削一小片木頭下來後，再把這一小塊木頭推回有氣孔的那段管狀樹皮中——注意削平的那面要對準氣孔位置。大功告成！

接下來把沒有樹皮、只剩木材的這側柳枝，從樹皮笛子的下方推入並往笛子內吹氣，就能以滑動的方式來改變音調高低。結果是令人驚豔的，而且稍微練習一下，就能吹出完整的一首歌。這整個過程對小孩子來說是如此新奇有趣，即使是健行途中遇到某些極可能讓小鬼們哀聲四起的路段，他們也都成功克服了。

寫在最後

本書不是工具書，而是一道開胃菜。你無法、而且也毋需記住我所說的一切，若是你在森林裡經歷了讓自己滿肚子疑惑的事情時，或許你會想再翻閱一下其中的某些章節。但比一本書更重要的，是我們天生就具備的感官，也就是眼、耳、舌、鼻，以及觸覺。因此如果你想找一片森林，來場刺激有趣的探索之旅，你已擁有了最完美的工具。而且那就是你的森林，它等候的，就是要被你發現。

你毋需擔心，只要是以遊客的身分來拜訪森林，人類對動植物的世界並不會造成什麼負擔，因為我們也是那個世界的一部分——至少當我們僅以雙足行動，並且讓大自然保有它在被人類發現之前的樣貌。在這層涵義下，祝福你在那些大大小小的驚奇中發現無窮的樂趣；而且如果這本書讓你對下次的森林散步燃起了更高的興致，它的目的就達成了。

註釋

1 Carson, Rachel: Der stumme Frühling, S. 296, Verlag C.H. Beck, München, 1963
2 Krämer, Klara, Dipl. Biol., RWTH Aachen University, Institute for Environmental Research (Biology V), Chair of Environmental Biology and Chemodynamics (UBC), per E-Mail vom 30.03.2016
3 Schmitt, Craig L. und Tatum, Michael L.: The Malheur National Forest, Location of the World's Largest Living Organism, S. 4, United States Department of Agriculture, 2008
4 Hengherr, S. et al: Journal of Experimental Biology 2009; 212: 802–807; doi: 101242/jeb.025973
5 http://www.rki.de/SharedDocs/FAQ/FSME/Zecken/Zecken.html#FAQId3447426, abgerufen am 16.06.2016
6 http://www.roteskreuz.at/gesundheit/gesundheitsinformation/ratgeber-gesundheit/fsme/, abgerufen am 16.06.2016
7 Fuhr, Eckhard: Bambi schützt vor Borreliose, in: Die Welt, 25.05.2014, Ausgabe 21, S.2
8 https://de.statista.com/statistik/daten/studie/226127/umfrage/hektarertrag-von-getreide-in-deutschland-seit-1960/, abgerufen am 27.12.2016
9 Schriftliche Anfrage der Abgeordneten Christine Kamm, Dr. Christian Magerl BÜNDNIS 90/DIE GRÜNEN vom 04.03.2013, Antwort des Staatsministeriums für Umwelt und Gesundheit vom 29.04.2013, Drucksache 16/16 704 vom 03.06.2013
10 http://www.forsten.sachsen.de/wald/2886.htm, abgerufen am 12.04.2016
11 https://lua.rlp.de/de/presse/detail/news/detail/News/kleiner-fuchsbandwurm-jeder-fuenfte-fuchs-im-land-befallen/, abgerufen am 27.12.2016

12 s. Quelle zu [11]

13 Infektionsepidemiologisches Jahrbuch meldepflichtiger Krankheiten für 2014, Robert Koch-Institut, S. 72–75, Berlin, 2015

14 http://de.statista.com/statistik/daten/studie/185/umfrage/todesfaelle-im-strassenverkehr/, abgerufen am 17.04.2016

15 http://www.br.de/themen/ratgeber/inhalt/verbrauchertipps/gewitter-blitz-blitzschlag-folgen100.html, abgerufen am 17.04.2016

16 http://wildbio.wzw.tum.de/index.php?id=58, abgerufen am 19.04.2016

17 http://isleroyalewolf.org/http%3A//www.cpc.ncep.noaa.gov/products/precip/CWlink/pna/nao.shtml, abgerufen am 14.07.2016

18 http://www.yellowstonepark.com/wolf-reintroduction-changes-ecosystem/, abgerufen am 15.07.2016

19 Beigang, T.: Der Wolf bei den kleinen Mädchen in der Bushaltestelle, in: Nordkurier, 18.08.2014

20 BPOLD-B: Die Geschichte vom Wolfstransporter – alles nur Wolfsgeheul!, Pressemitteilung der Bundespolizei, Berlin, 27.01.2014

21 http://de.statista.com/themen/1199/strassen-in-deutschland/, abgerufen am 24.06.2016

22 http://www.wolfsregion-lausitz.de/index.php/nahrungszusammensetzung, abgerufen am 24.06.2016

23 Rothe, K., Tsokos, M., Handrick, W: Animal and human bite wounds. Dtsch Arztebl Int 2015; 112: 433–43. DOI: 103 238/arztebl.2015.0433

24 Bloch, Günther und Radinger, Elli H. Der Wolf ist zurück, Bad Münstereifel/Wetzlar, 2015

25 Drösser, Christoph: Glas unter der Lupe, in: DIE ZEIT Nr. 39, 16.09.2004

26 Verkehr und Mobilität in Deutschland, S. 6, Bundesministerium für Verkehr und digitale Infrastruktur, November 2015

27 Puttonen, E. et al: Quantification of Overnight Movement of Birch (Betula pendula) Branches and Foliage with Short Interval Terrestrial Laser Scanning, in: Front Plant Sci. 2016 Feb 29; 7:222. doi: 103 389/fpls.2016.00222. eCollection 2016

28 Huber, M.:Forscher schauen 300 Bäumen beim Wachsen zu, in: Tierwelt Ausgabe 23, S. 24–25, 04.06.2015

29 Moir HM, Jackson JC, Windmill JFC. Extremely high frequency sensitivity in a ›simple‹ ear. Biol Lett 9: 20 130 241

30 htttps://www.heise.de/newsticker/meldung/Datenschutz-im-Wald-immer-mehr-Wildkameras-erfassen-Waldspaziergaenger-2182616.html

31 Ahnelt, P.: Unterscheidung in Blau und Nicht-Blau, in: Revierkurier 3/2009, S. 4–5

32 Mantau, U.: Holzrohstoffbilanz Deutschland, Entwicklungen und Szenarien des Holzaufkommens und der Holzverwendung 1987 bis 2015, Hamburg, 2012, S. 65

33 Füßler, Claudia: Der Baum der Bäume, in: Badische Zeitung, Ausgabe von 17.12.2016

34 http://rothirsch.org/wp-content/uploads/2014/02/RWVWaldD+Wald_140225.jpg

專有名詞對照表（按照中文字首筆劃排列）

子囊菌門｜Schlauchpilze (*Ascomycota*)

小豆螺屬｜Quellschnecken (*Bythinella*)

山毛櫸象甲蟲｜Buchenspringrüssler (*Rhynchaenus fagi*)

中斑啄木鳥｜Mittelspecht (*Leiopicus medius*)

毛樺｜Moorbirke (*Betula pubescens*)

水熊蟲｜Bärtierchen (*Tardigrada*)

加拿大馬鹿｜Wapiti-Hirsch (*Cervus canadensis*)

生物小區；群落生境｜Biotope

甲殼素｜Chitin

甲蟎｜Hornmilben (*Oribatida*)

石蠅｜Steinfliegen (*Plecoptera*)

多包條蟲｜Fuchsbandwurm (*Echinococcus multilocularis*)

西方狍｜Rehe (*Capreolus capreolus*)

步行蟲科｜Laufkäfer (*Carabidae*)

初夏腦炎｜FSME (*Frühsommer-Meningoenzephalitis*)

垂枝樺｜Sandbirke (*Betula pendula*)

柳蘭屬｜Waldweidenröschen（*Epilobium*）

紅林蟻｜Rote Waldameise（*Formica rufa*）

美味牛肝菌｜Steinpilz（*Boletus edulis*）

泰卡林；西伯利亞針葉林｜Taiga

粉吹金龜｜Maikäfer（*Melolontha*）

高加索冷杉｜Nordmanntanne（*Abies nordmanniana*）

疏螺旋體菌｜Borrelien

貧毛綱｜Borstenwurm（*Oligochaeta*）

鹿角甲蟲｜Hirschkäfer（*Lucanus cervus*）

斑尾林鴿｜Ringeltaube（*Columba palumbus*）

斑貓｜Wildkatze（*Felis silvestris*）

象鼻蟲科｜Schuppiger Totholzrüssler（*Curculionidae*）

雲衫八齒小蠹蟲｜Buchdrucker（*Ips typographus*）

榕葉毛茛｜Scharbockskraut（*Ficaria verna*）

熊蔥｜Bärlauch（*Allium ursinum*）

綠捲葉蛾｜Eichenwickler（*Tortrix viridana*）

翠灰蝶屬｜Eichenzipfelfalter（*Favonius quercus*）

蒼頭燕雀｜Buchfink（*Fringilla coelebs*）

蜜環菌｜Hallimasche（*Armillaria*）

嘰咋柳鶯｜Zilpzalp（*Phylloscopus collybita*）

歐亞雲雀｜Feldlerche（*Alauda arvensis*）

歐洲雲杉｜Gemeine Fichte（*Picea abies*）

歐洲盤羊 ｜ Muffelschafe（*Ovis orientalis musimon*）

歐鴿 ｜ Hohltaube（*Columba oenas*）

橙劑 ｜ Agent Organge

橡列隊蛾 ｜ Eichen-Prozessionsspinner（*Thaumetopoea processionea*）

擬白膜盤菌 ｜ Falsche Weiße Stengelbecherchen（*Hymenoscyphus pseudoalbidus*）

避蚊胺；待乙妥 ｜ Diethyltoluamide

櫟林銀蓮花 ｜ Buschwindröschen（*Anemone nemorosa*）

霧淞 ｜ Duftanhang

國家圖書館出版品預行編目資料

歡迎光臨森林祕境／彼得・渥雷本（Peter Wohlleben）著；鐘寶珍譯. -- 初版. -- 臺北市：商周出版：家庭傳媒城邦分公司發行, 民107.03
面： 公分
譯自：*Gebrauchsanweisung für den Wald*
ISBN 978-986-477-419-7（平裝）
1. 森林生態學
436.12 107002468

感謝歌德學院（台北）德國文化中心 協助
歌德學院（台北）德國文化中心是德國歌德學院（Goethe-Institut）在台灣的代表機構，五十餘年來致力於德語教學、德國圖書資訊及藝術文化的推廣與交流，不定期與台灣、德國的藝文工作者攜手合作，介紹德國當代的藝文活動。

歌德學院（台北）德國文化中心
Goethe-Institut Taipei
地址：100臺北市和平西路一段20號6/11/12 樓
電話：02-2365 7294
傳真：02-2368 7542
網址：http://www.goethe.de/taipei

歡迎光臨森林祕境

原著書名／*Gebrauchsanweisung für den Wald*
作　　者／彼得・渥雷本（Peter Wohlleben）
譯　　者／鐘寶珍
企畫選書／賴芊曄
責任編輯／賴芊曄

版　　權／林心紅
行銷業務／李衍逸、黃崇華
總 編 輯／楊如玉
總 經 理／彭之琬
發 行 人／何飛鵬
法律顧問／台英國際商務法律事務所　羅明通律師
出　　版／商周出版
城邦文化事業股份有限公司
台北市民生東路二段 141 號 9 樓
電話：(02) 25007008　傳真：(02) 25007759
E-mail：bwp.service@cite.com.tw
發　　行／英屬蓋曼群島商家庭傳媒股份有限公司城邦分公司
台北市民生東路二段 141 號 2 樓
書虫客服服務專線：(02) 25007718、(02) 25007719
24 小時傳真專線：(02) 25001990、(02) 25001991
服務時間：週一至週五上午09:30-12:00；下午13:30-17:00
劃撥帳號：19863813；戶名：書虫股份有限公司
讀者服務信箱：service@readingclub.com.tw
城邦讀書花園：www.cite.com.tw
香港發行所／城邦（香港）出版集團有限公司
香港灣仔駱克道193號東超商業中心1樓
E-mail：hkcite@biznetvigator.com
電話：(852) 25086231　傳真：(852) 25789337
馬新發行所／城邦（馬新）出版集團【Cité (M) Sdn. Bhd.】
41, Jalan Radin Anum, Bandar Baru Sri Petaling,
57000 Kuala Lumpur, Malaysia.
電話：(603) 90578822　傳真：(603) 90576622
E-mail：cite@cite.com.my

封面設計／莊謹銘
排　　版／新鑫電腦排版工作室
印　　刷／卡樂彩色製版印刷有限公司
總 經 銷／聯合發行股份有限公司
電話：(02) 2917-8022　傳真：(02) 2911-0053
地址：新北市231新店區寶橋路235巷6弄6號2樓

■ 2018年（民107）3月初版1刷
Printed in Taiwan
定價／360 元
城邦讀書花園 www.cite.com.tw

商周出版

廣	告	回	函

北區郵政管理登記證
台北廣字第000791號
郵資已付，免貼郵票

104台北市民生東路二段141號2樓

英屬蓋曼群島商家庭傳媒股份有限公司　城邦分公司

請沿虛線對摺，謝謝！

商周出版

書號：BU0142	**書名：**歡迎光臨森林祕境	**編碼：**

請於此處用膠水黏貼

商周出版

讀者回函卡

感謝您購買我們出版的書籍！請費心填寫此回函卡，我們將不定期寄上城邦集團最新的出版訊息。

不定期好禮相贈！
立即加入：商周出版
Facebook 粉絲團

姓名：________________ 性別：☐男 ☐女

生日：西元________年________月________日

地址：________________

聯絡電話：____________ 傳真：____________

E-mail：

學歷：☐ 1. 小學 ☐ 2. 國中 ☐ 3. 高中 ☐ 4. 大學 ☐ 5. 研究所以上

職業：☐ 1. 學生 ☐ 2. 軍公教 ☐ 3. 服務 ☐ 4. 金融 ☐ 5. 製造 ☐ 6. 資訊
☐ 7. 傳播 ☐ 8. 自由業 ☐ 9. 農漁牧 ☐ 10. 家管 ☐ 11. 退休
☐ 12. 其他____________

您從何種方式得知本書消息？

☐ 1. 書店 ☐ 2. 網路 ☐ 3. 報紙 ☐ 4. 雜誌 ☐ 5. 廣播 ☐ 6. 電視
☐ 7. 親友推薦 ☐ 8. 其他____________

您通常以何種方式購書？

☐ 1. 書店 ☐ 2. 網路 ☐ 3. 傳真訂購 ☐ 4. 郵局劃撥 ☐ 5. 其他______

您喜歡閱讀那些類別的書籍？

☐ 1. 財經商業 ☐ 2. 自然科學 ☐ 3. 歷史 ☐ 4. 法律 ☐ 5. 文學
☐ 6. 休閒旅遊 ☐ 7. 小說 ☐ 8. 人物傳記 ☐ 9. 生活、勵志 ☐ 10. 其他

對我們的建議：________________

請於此處用膠水黏貼